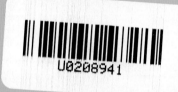

去太空！

给孩子的太空探索史

〔英〕本·哈伯德 著 沉着 译

海豚出版社
DOLPHIN BOOKS
CIPG 中国国际出版集团

目录

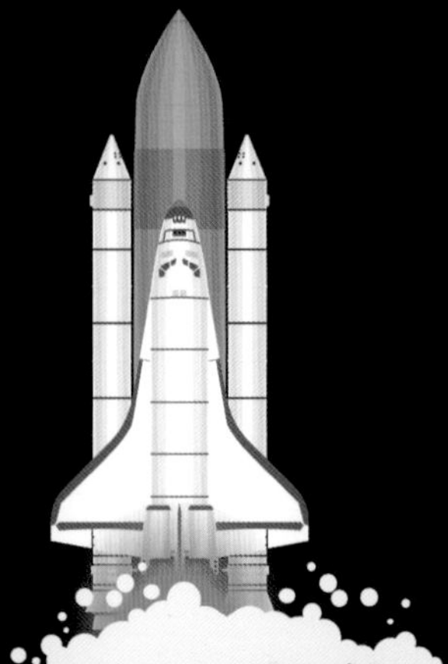

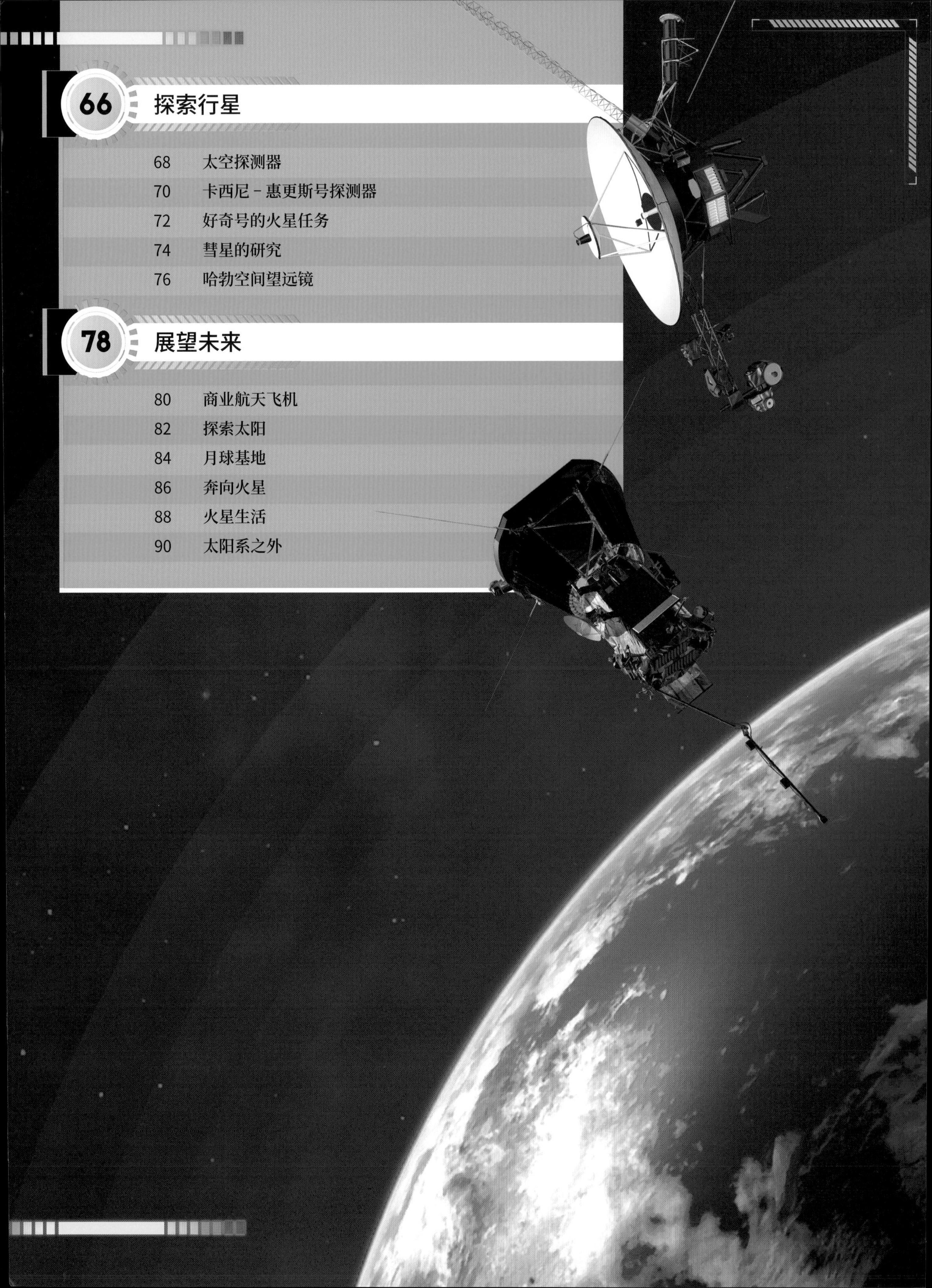

66 探索行星

78 展望未来

1

火箭竞赛

几个世纪以来，探索太空一直只是个幻想。但在20世纪，这个幻想成为现实，人们发明了火箭这种将人和物品送入太空的运载工具。然而，第一代火箭的发明并不是为了探索太空，而是为了在第二次世界大战期间摧毁敌方城市。之后，两位天才科学家将这项战时技术发展成了世界上两大强国之间的竞赛。这就是著名的“太空竞赛”。

V-2 导弹

第二次世界大战期间，纳粹德国发明了一种能够在 6 分钟内飞行超 300 千米，并能悄无声息地向同盟国城市抛下一枚导弹的火箭。V-2 导弹是一种在技术上领先世界其他国家数年的恐怖武器。随着战争的结束，一些同盟国家急于得到 V-2 导弹的技术。

V-2 导弹档案

长度：14 米
重量：12,500 千克
弹头：1,000 千克炸药
最大射程：300 千米
最大速度：5,760 千米 / 小时
最高飞行高度：88 千米
燃料：乙醇、水、液态氧
制导方式：V-2 导弹是由地面发出的无线电信号或火箭上的普通计算机进行制导

恐怖的导弹

纳粹德国的 V-2 导弹，也被称为“复仇者”导弹，是一种专门被用来攻击欧洲城市的导弹。每枚导弹携带 1 吨炸药，能够上升到 88 千米的高空。在这个高度，导弹的发动机停止工作，然后以 4 倍音速冲向目标。第二次世界大战期间，纳粹德国向英国伦敦和比利时安特卫普空投了 3,000 多枚 V-2 导弹。

V-2 导弹在二战期间杀害了约 9,000 名同盟国城市的居民。目击者称，因为火箭投掷导弹时没有声音，他们听到的第一个声音就是爆炸声。

奴隶劳工

第二次世界大战期间，德国诺德豪森附近山下的一座秘密工厂里，奴隶劳工被迫制造了数千枚 V-2 导弹。据估计，在这期间有超过 25,000 位劳工去世，大部分人的死亡原因是疾病或饥饿。

纳粹诺德豪森 V-2 工厂对成千上万被迫工作于此的劳工“宣判了死刑”。

韦纳·冯·布劳恩隐藏了许多 V-2 导弹的部件和设计图，希望阻止纳粹在二战末期将其销毁。随后，他将这些东西带去了美国，并在那里从事火箭的设计工作。

韦纳·冯·布劳恩

韦纳·冯·布劳恩是纳粹党卫军军官，同时也是设计了 V-2 导弹的火箭工程师。后来他声称自己是被迫加入纳粹党的，他想设计的是飞上太空的火箭，而不是导弹。二战结束后，苏联和美国军队进入德国，他们都想找到 V-2 导弹的设计方案及设计它的科学家。最后美国人取得了成功，韦纳·冯·布劳恩带着自己的团队及 V-2 导弹的设计方案加入了美方。

谢尔盖·科罗廖夫

在古拉格（苏联劳改营）待了 6 年之后，谢尔盖·科罗廖夫成了苏联的首席火箭设计师。他是一位火箭科学天才，在太空竞赛中直接与韦纳·冯·布劳恩抗衡。然而，这两个男人从未见过面。

谢尔盖·科罗廖夫对苏联的太空项目非常重要，因此他的身份一直处于保密状态以防止被美国人刺杀。人们只知道他是“首席设计师”。

斯普特尼克号人造卫星

1957 年，苏联向太空发射了第一颗人造卫星，全世界为之震惊。这颗名为“斯普特尼克 1 号”的人造卫星是基于 V-2 导弹发展而来的。这显示了苏联具有更先进的太空技术，这是对他们的对手——美国的沉重打击。现在，美国必须迎头赶上。太空竞赛开始了。

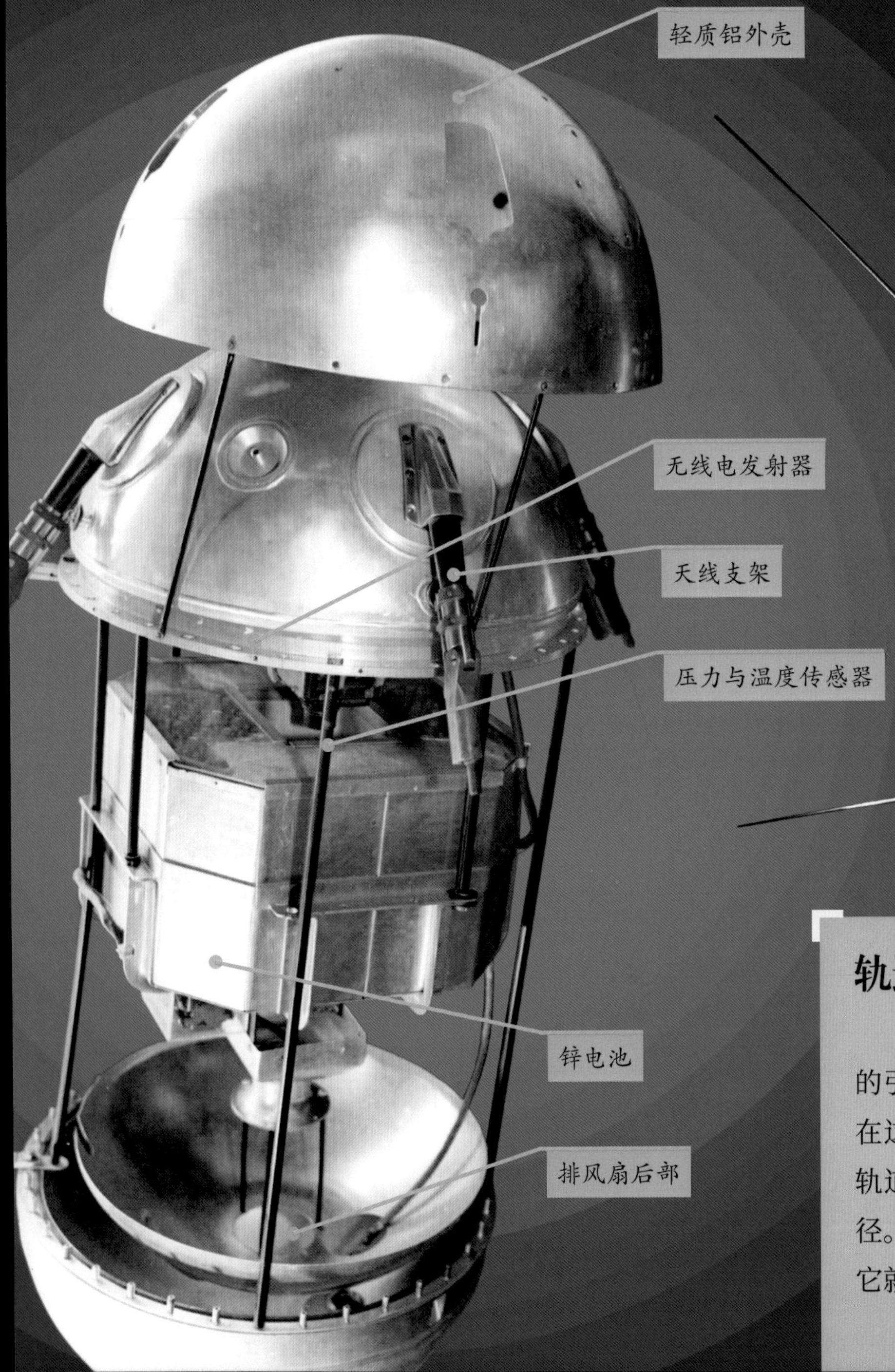

斯普特尼克 1 号

斯普特尼克 1 号是一个有四根无线电天线的小金属球，它一边绕着地球旋转，一边发出“哔哔”声。这些“哔哔”信号会被全球的无线电接收器捕捉，直到斯普特尼克 1 号的电池电量于 3 周后耗尽。绕地球运行 1,400 圈之后，斯普特尼克 1 号于 1958 年初在重新进入地球大气层时被燃烧殆尽。

斯普特尼克 1 号档案

直径： 58 厘米
重量： 83 千克
能量： 1 瓦特
任务日期： 1957 年 10 月 4 日—1958 年 1 月 4 日

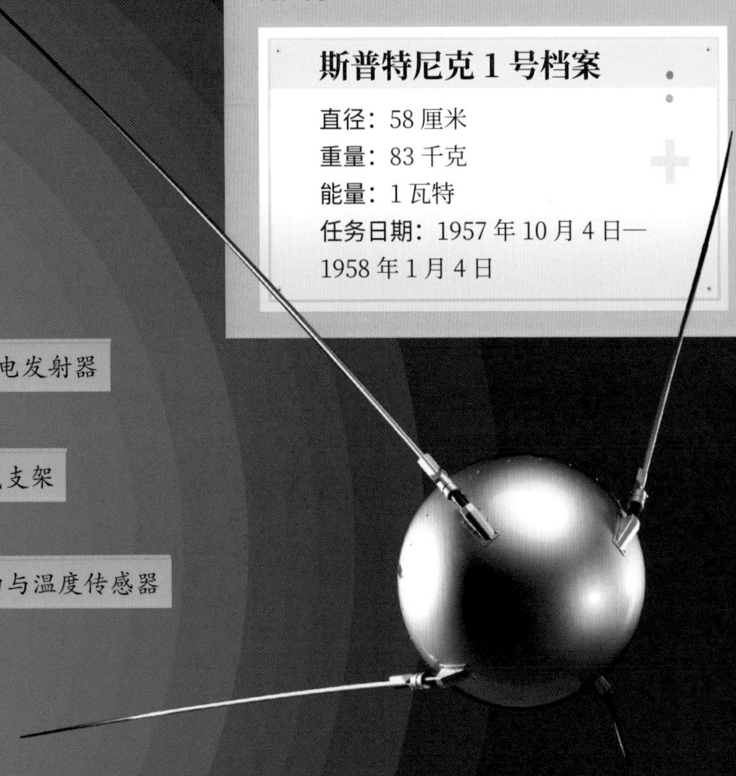

轨道

一旦航天器的时速达到 28,000 千米，地球的引力将无法再将其向地面“吸引”。然而，在这个速度下，引力还可以将其“留”在地球轨道上。轨道是指物体围绕地球运动的弯曲路径。如果航天器能在轨道上保持一定的速度，它就可以永远留在那里。

苏联领导人赫鲁晓夫说，苏联在太空领域取得的成就显示了共产主义政治体制优于美国资本主义体制。“让那些资本主义国家来追赶我们吧。”赫鲁晓夫挑衅道。

斯普特尼克 2 号比斯普特尼克 1 号大得多。它有 4 米高，携带传感器及温度控制系统，还有一个电视镜头，能够传输小狗莱卡的图像。

宣传策略

苏联领导人尼基塔·赫鲁晓夫深知斯普特尼克 1 号的宣传价值，并警告美国人苏联还会有更多的“太空第一”等着他们追赶。斯普特尼克 1 号一天会在美国上空经过 7 次，提醒着美国人苏联的成功。但是，这不仅仅只是一种民族自豪感。通过斯普特尼克 1 号，苏联展示了他们的技术已经能够制造直达美国海岸的远程导弹。现在，美国需要证明自己也能做到这一点。

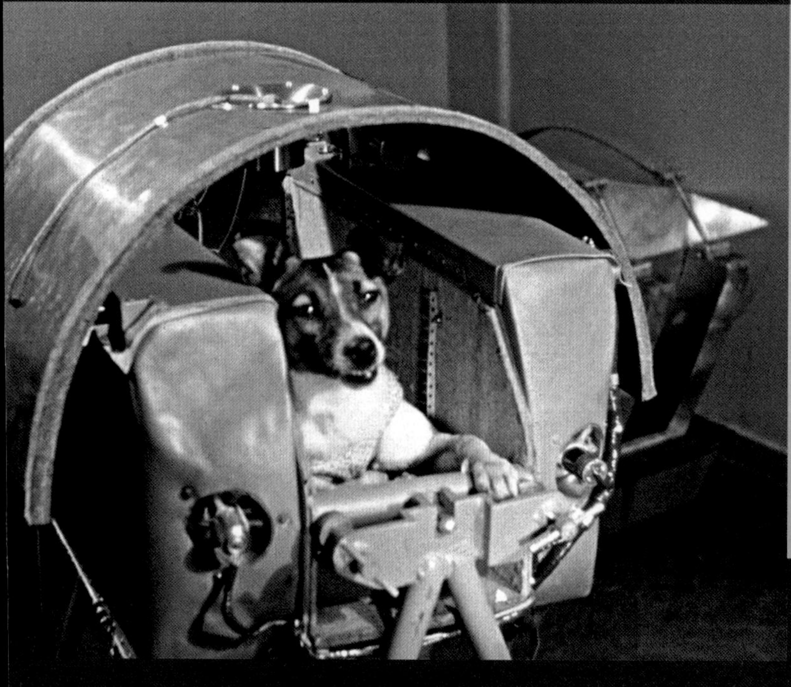

斯普特尼克 2 号

在斯普特尼克 1 号升空后的一个月内，苏联成功发射了斯普特尼克 2 号，再次炫耀了它的成就。这是一颗更大的人造卫星，并且携带了一名乘客：小狗莱卡。莱卡是莫斯科的一条流浪狗，它成了第一个进入太空的地球生物。不幸的是，它在太空仅存活了 6 个小时就因太空舱温度过高而去世。

斯普特尼克 2 号内部狭窄，但还是有足够的空间让莱卡躺下。它在升空前两天就穿上了纸尿裤，并被关进了一个加压舱里。

美国的回应

“先锋号”火箭发射时的灾难性失败让美国在太空竞赛中看起来居于下风。

在苏联发射斯普特尼克1号后，美国也急于将自己的人造卫星送入太空。美国宣布将于1958年12月6日发射先锋1A号人造卫星。为了见证这一盛事，记者们聚集在卡纳维拉尔角发射基地，上百万人通过电视观看。倒计时开始，全美国人都屏住了呼吸。

3，2，1……发射！

随着火光和浓烟从引擎中滚滚而出，先锋火箭开始升空。但是，在上升1米后，火箭就失去了动力，跌回发射台。然后，火箭爆炸，整体垮塌。当火箭倒塌时，人造卫星从火箭的顶部摔落，在地上翻滚着并发出“哔哔”声。这场发射成了一场彻头彻尾的灾难。

失败的卫星

先锋号人造卫星的发射失败是美国政府的巨大耻辱。美国自认为是世界科技的领导者，现在，它在太空领域的成就输给了竞争对手苏联。美国的报纸在标题上采用文字游戏的方式，对斯普特尼克（Sputnik）进行修改，改成Kaputnik（kaput，坏了的）、Oopsnik（oops，出错时的哎呀声）和Flopnik（flop，完全失败）等，以此来讽刺苏联。

探险者 1 号

先锋 1A 号人造卫星由美国海军发射，失败之后，美国政府向韦纳·冯·布劳恩求助。冯·布劳恩说他可以在 90 天内发射一颗名为“探险者 1 号”的卫星进入太空。1958 年 1 月 31 日，探险者 1 号成功进入太空。冯·布劳恩实践了他的诺言，但是美国在太空竞赛中仍处于下风。

韦纳·冯·布劳恩

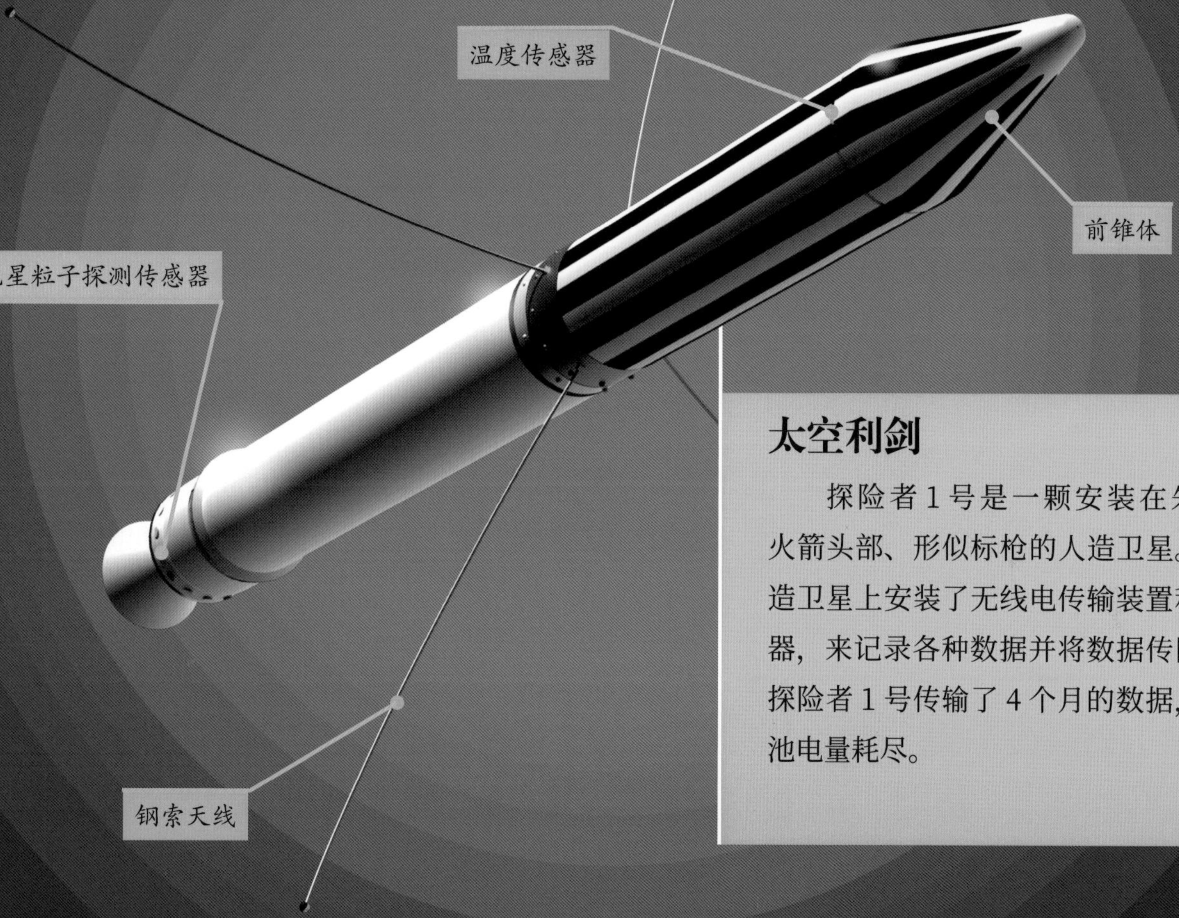

太空利剑

探险者 1 号是一颗安装在朱诺 1 号火箭头部、形似标枪的人造卫星。这颗人造卫星上安装了无线电传输装置和科学仪器，来记录各种数据并将数据传回地球。探险者 1 号传输了 4 个月的数据，直到电池电量耗尽。

美国国家航空航天局（NASA）

1958 年，时任美国总统的德怀特·艾森豪威尔宣布组建一个民用而非军方的机构来负责太空项目。这个新的组织被命名为美国国家航空航天局（NASA），从此以后，由这个机构负责美国的太空探索计划。

探险者 1 号档案

长度：203 厘米
直径：15.9 厘米
重量：14 千克
能量：汞化学电池
火箭：朱诺 1 号 RS-29

东方 1 号

斯普特尼克号任务成功后，苏联的下一个目标是将人类送入太空。为了达成这一目标，首席设计师谢尔盖・科罗廖夫建造了东方 1 号飞船。东方 1 号是一个只够容纳 1 人的太空舱，位于 R-7 火箭上方。操纵这艘飞船的是宇航员尤里・加加林。

返回舱和仪器舱

东方 1 号飞船由两部分组成：一个返回舱和一个仪器舱。仪器舱有制动火箭，点燃后能够使东方 1 号减速，可以将飞船带离地球轨道，并降落回地面。

尤里・加加林在东方 1 号飞船

尤里・加加林

尤里・加加林是一位战斗机飞行员，他被选中参与了作为苏联顶级机密的太空项目的宇航员训练。加入此项目之后，加加林战胜了其他几位宇航员，成为第一个进入太空的人类。据说他赢得这个机会的原因是，谢尔盖・科罗廖夫认为加加林的微笑和魅力能让他成为一个受人欢迎的名人。

重返地球

为了能够重返地球，东方 1 号被做了增重处理，从而达到能以正确的倾斜角度进入地球大气层的目的。然而，这并非万无一失。因此，飞船在各个方向都设置有隔温层，而且它的球体外形也能起到一定保护作用。

控制面板

东方 1 号的操纵面板比尤里 · 加加林曾操纵过的米格战斗机简单。这是因为东方 1 号是全自动的，飞行员只能够通过在键盘上输入 3 位数字的密码来进行控制。这个密码只在加加林被认为神志清醒时才会通过无线电告诉他，这是因为苏联科学家们认为失重状态会使人失去理智。

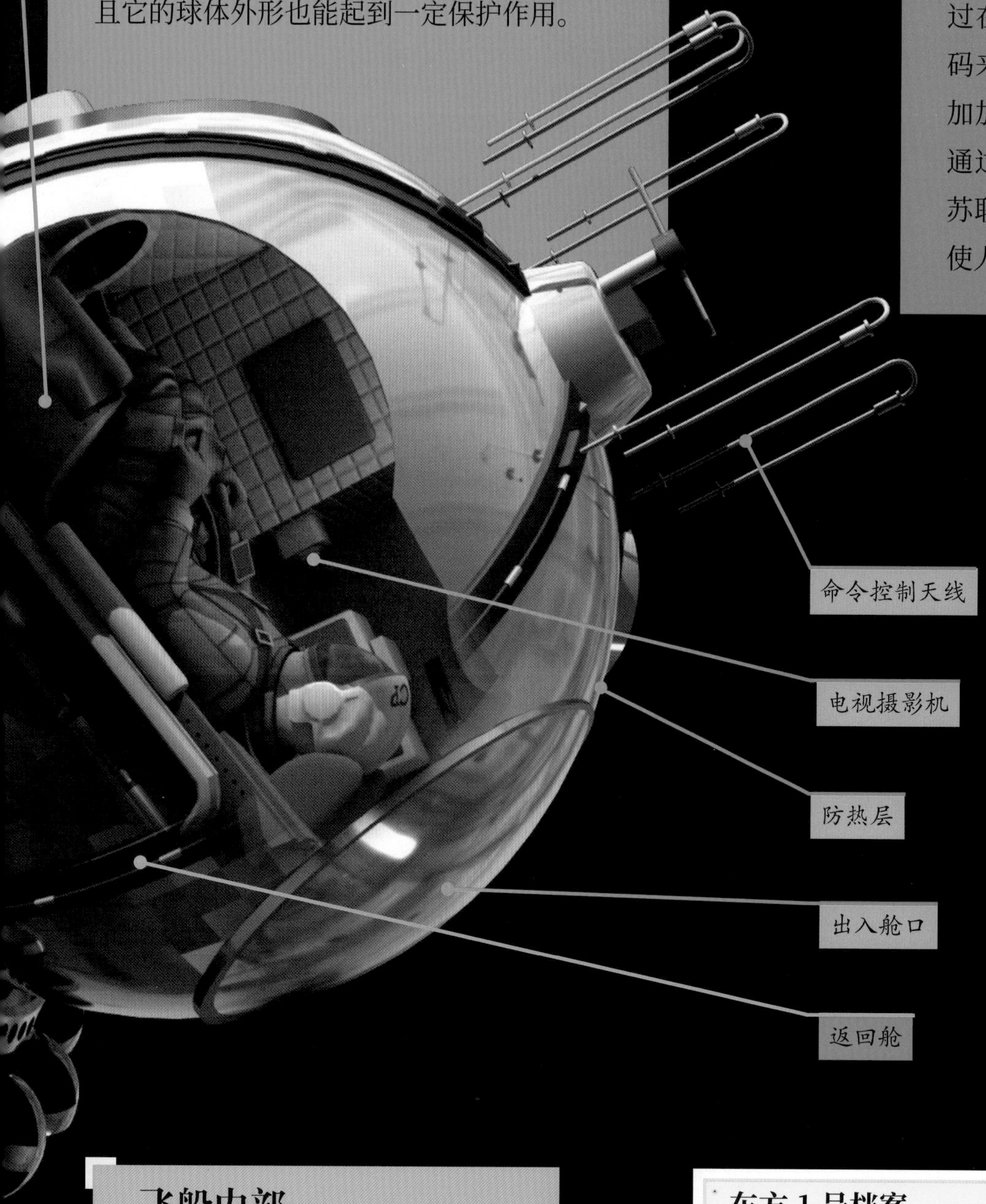

飞船内部

东方 1 号的返回舱很小，仅有一个控制面板和一个供宇航员乘坐的弹射座椅。爆裂螺栓会将返回舱的舱口炸开，配备了降落伞的弹射座椅就可以离开返回舱。

东方 1 号档案

乘客：1 人
长度：4.5 米
直径：2.43 米
发射时重量：4,730 千克
降落时重量：2,460 千克
燃料：一氧化二氮、氨

东方 1 号

东方 1 号的设计目标是将人类送入太空，并绕地球运行一周，然后宇航员和飞船将借助降落伞平安地降落到苏联的土地上。这是人类有史以来最有野心也是最危险的太空项目。太空竞赛首次以人类生命作为赌注。1961 年 4 月 12 日，加加林和东方 1 号已经做好起飞准备。

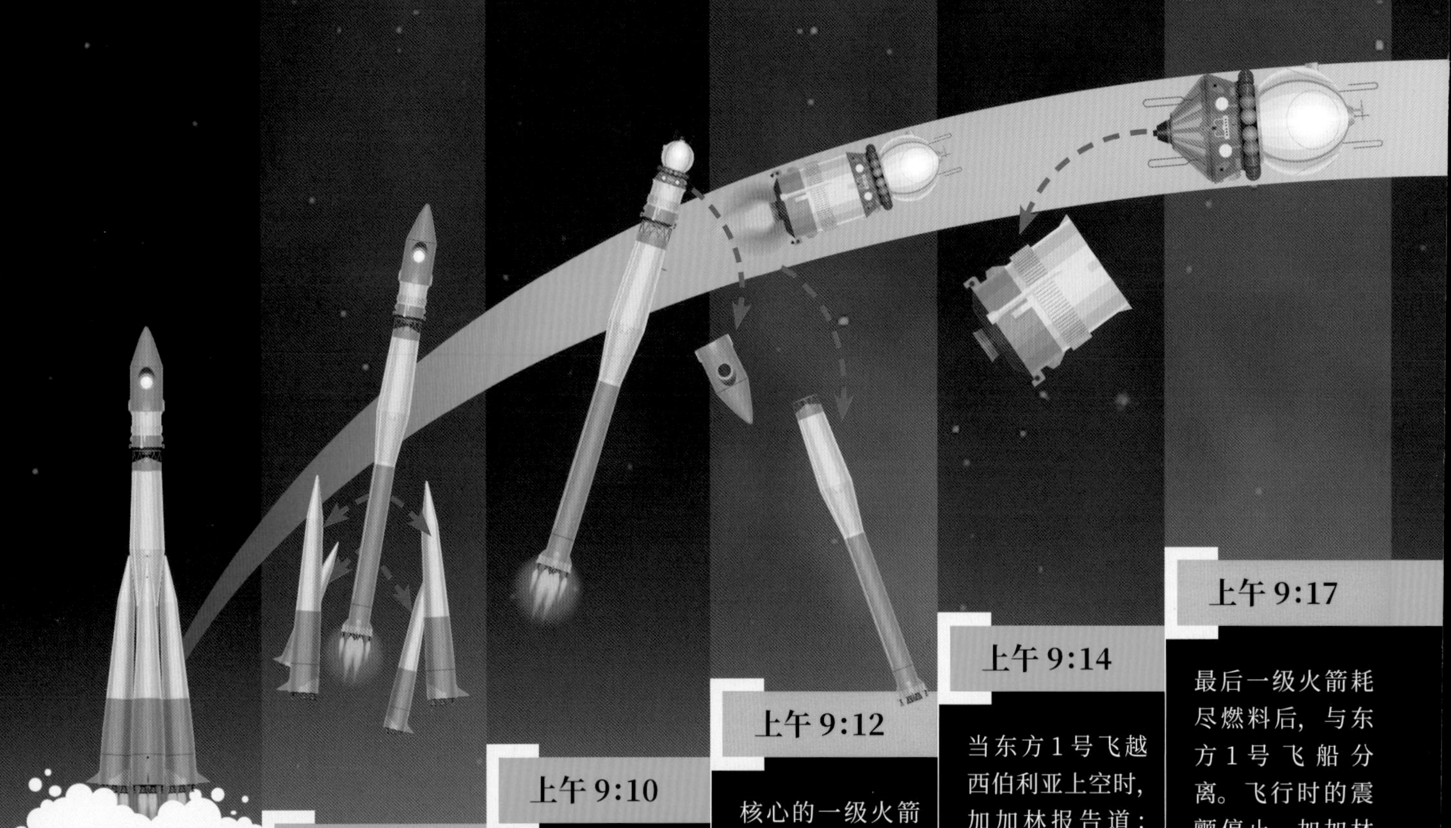

上午 9:07

东方 1 号从苏联拜科努尔航天发射场起飞。宇航员尤里 · 加加林通过他的无线电麦克风大喊一声“出发”！

上午 9:09

随着 R-7 火箭的 4 个发动机耗尽燃料并脱落，加加林被发射向前。加速度产生的超重状态拉扯着加加林的面部肌肉。

上午 9:10

覆盖在 R-7 火箭头部的东方 1 号外部的整流罩脱落，飞船暴露在太空中，加加林能够从他脚下的舷窗看到地球。

上午 9:12

核心的一级火箭燃料耗尽，跌向地球。最后一级火箭继续燃烧。

上午 9:14

当东方 1 号飞越西伯利亚上空时，加加林报告道：“一切运转正常。所有的系统都在工作。让我们继续加油！”

上午 9:17

最后一级火箭耗尽燃料后，与东方 1 号飞船分离。飞行时的震颤停止。加加林现在身处地球上空 300 千米的轨道内。

注：图中时间为莫斯科时间

R-7 火箭

为了达到进入太空所需的 28,000 千米 / 小时的速度，东方 1 号需要借助 R-7 火箭的力量。R-7 火箭由 3 级火箭构成，称为多级火箭。每级火箭耗尽燃料后，会自动脱落。最后，只有顶部小小的东方 1 号飞船留在地球轨道上。

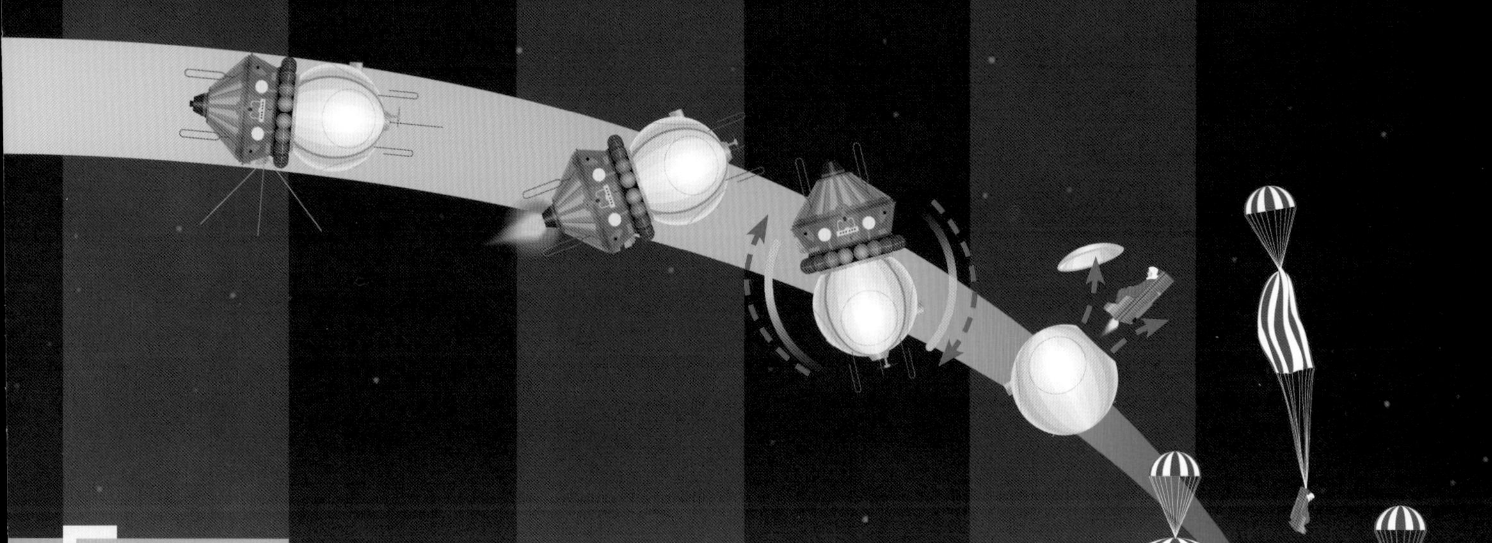

上午 9:18

东方 1 号的控制面板显示飞船的速度为 28,799 千米 / 小时。“开始失重。并没有那么不愉快。”加加林报告说。东方 1 号内部的一个摄影机显示加加林正在玩一个失重状态下的水珠。

上午 9:49

随着东方 1 号在地球上空环绕，它飞过了地球的夜半球。第一次，加加林能够看到群星。

上午 10:23

开始准备返回。东方 1 号的制动火箭启动，为飞船减速，降速后地球的引力可以将它拖离轨道。

上午 10:25

一个本应让东方 1 号的仪器舱与返回舱分离的小型爆炸失败了。飞船开始旋转着落向地球。

上午 10:35

返回时的高温烧断了连接仪器舱和返回舱的电线，加加林从弹射座椅中弹出，他和飞船分别落回到地面。

上午 11:05

加加林降落在西伯利亚一位农妇和她的女儿身边。“不要害怕，我和你们一样是苏联人！”他这样告诉她们，并且解释他刚从太空降落，需要给莫斯科打个电话。加加林只在太空中待了 108 分钟，不过这却让他成了世界名人。

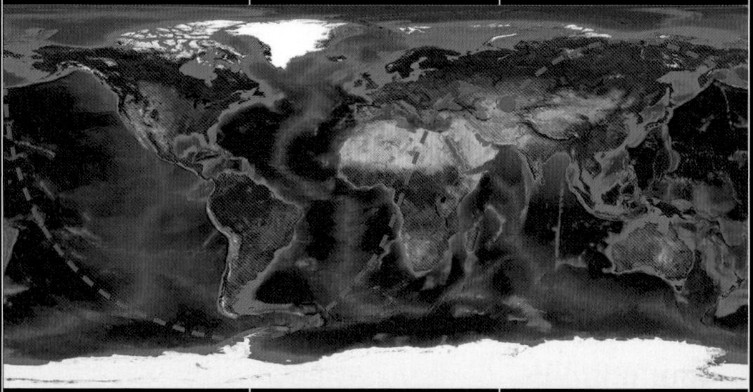

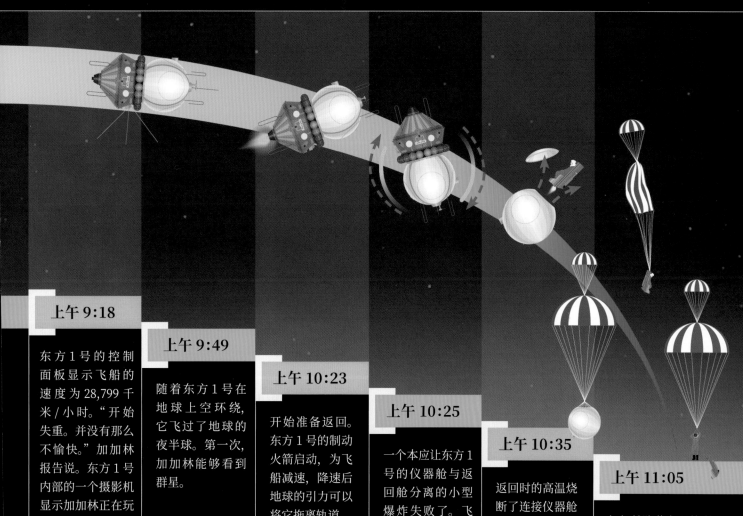

2

载人航天竞赛

20 世纪 50 年代，苏联显示了他们在与美国的太空竞赛中的优势地位。到了 20 世纪 60 年代，美国宣布了在当时最雄心勃勃的太空计划，他们试图在十年内达成将人类送上月球的目标。苏联也将竭尽所能地实现这一目标从而战胜美国。不论哪个国家率先成功，它都将证明自己具备当时世界最强的科技实力。

水星计划

在加加林于 1961 年成为首个进入太空的人类后，美国无比渴望扳回一城。新组建的美国国家航空航天局（NASA）宣布了一系列载人航天任务，宇航员将搭乘的是新的水星号飞船。执行这系列任务的宇航员被称为“水星计划 7 人”。

自由 7 号

1961 年 5 月 5 日，美国国家航空航天局发射了搭载宇航员艾伦 · 谢泼德的水星系列飞船自由 7 号。这让谢泼德成为首位进入太空的美国人。然而，该任务所用水星－红石火箭的动力并不足以将飞船送入地球轨道。因此，自由 7 号仅在亚轨道太空待了 15 分钟就坠落到了大西洋。

为“水星计划 7 人”专门设计的银色宇航服成了美国首次太空任务的永久回忆。

友谊 7 号

在自由 7 号成功后，美国国家航空航天局紧接着又完成了首个进入地球轨道的任务。1962 年 2 月 20 日，宇航员约翰 · 格伦搭乘友谊 7 号进入了地球上空约 265 千米的轨道中。然而，在降落前，友谊号的警示器显示它的防热层松了。没有防热层，飞船将在降落过程中化为灰烬。幸运的是，后来证明这是误报，格伦安全返回地球。

约翰 · 格伦被选为美国首位进入地球轨道的宇航员的原因与尤里 · 加加林类似，他们都充满魅力，友好且谦逊。

水星号飞船

美国国家航空航天局的水星号飞船比苏联的东方 1 号更小也更轻，因此发射它们的美国火箭威力较弱。但是，与东方 1 号不同的是，在狭窄的飞船里，水星号宇航员手中有一根操纵杆，在需要的时候可以手动控制飞船。

水星号飞船档案

乘客：1 人
长度：3.5 米
直径：1.89 米
发射时重量：1,934 千克
降落时重量：1,130 千克
发动机：火箭制动装置

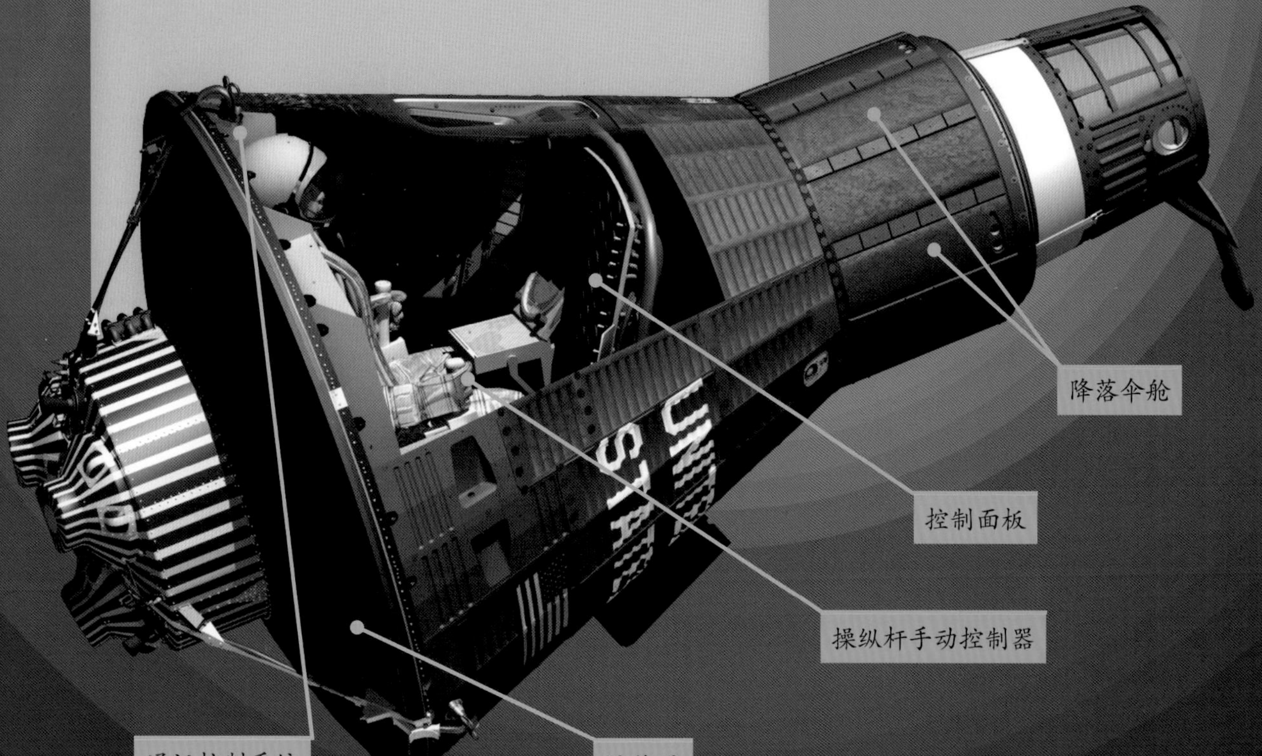

约翰 · F. 肯尼迪总统知道登月将让他大受欢迎，并且也能使由于太空竞赛初期失利而受挫的民族自尊心得到一些恢复。

来自肯尼迪的祝贺

当约翰 · 格伦回到地球，纽约约 400 万人与约翰 · 肯尼迪总统一起迎接他。在欢迎仪式上，约翰 · 格伦被授予“杰出服务勋章”。肯尼迪在此前一年曾宣布美国将在 20 世纪 60 年代末把人类送上月球，世界为之震惊。听到这一消息，苏联决定要率先完成这项里程碑式的任务。

太空探测器

正当载人登月竞赛在如火如荼进行时，美国和苏联都发射了用于研究月球表面的无人探测器。一些探测器飞越月球并拍摄相关照片，一些则直接撞上了月球。还有一些探测器被派去研究太阳系里那些更远的行星。

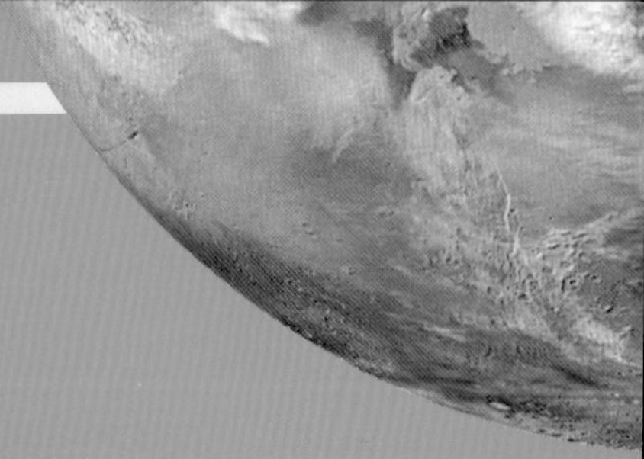

探测器是什么?

探测器是一个在太空中穿梭、拍照并收集科学信息的无人飞船。这些信息被传送回地球供科学家们研究。为了脱离地球轨道，飞船的速度必须达到 40,270 千米 / 小时。为了使这项任务更容易完成，早期的探测器通常又轻又小。

月球 1 号

苏联的“月球 1 号”于 1959 年被发射升空，是首个进入太空的探测器。月球 1 号原计划在月球着陆，但是它错失目标，直接飞到了太阳轨道。同年稍晚时候，苏联的月球 3 号拍摄到了首张月球背面照片。月球探测器非常重要，因为没人知道降落在月球时会发现些什么。

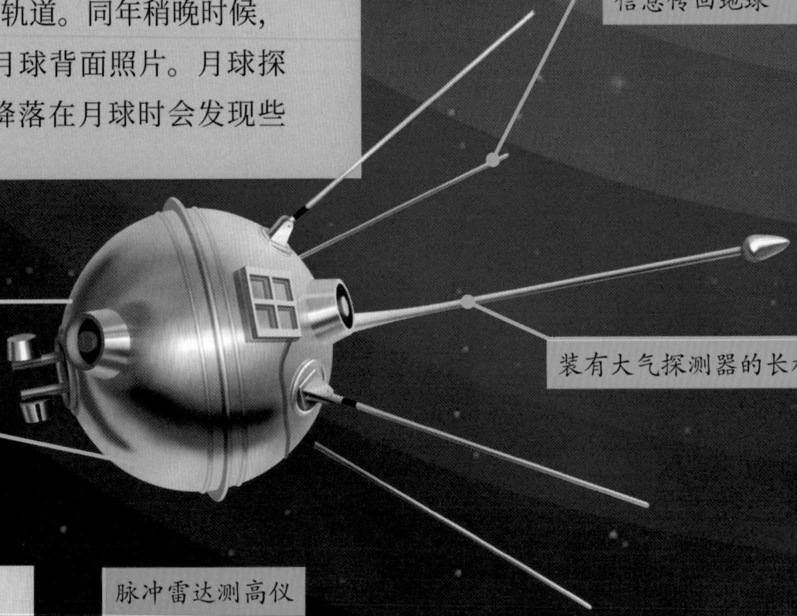

月球 9 号

1966 年，苏联的“月球 9 号”成为首个在月球进行受控登陆的探测器。下一阶段，探测器发射了一个带有摄像机的球形舱。当球形舱拍照后，月球 9 号会利用无线电天线将图片传回地球。

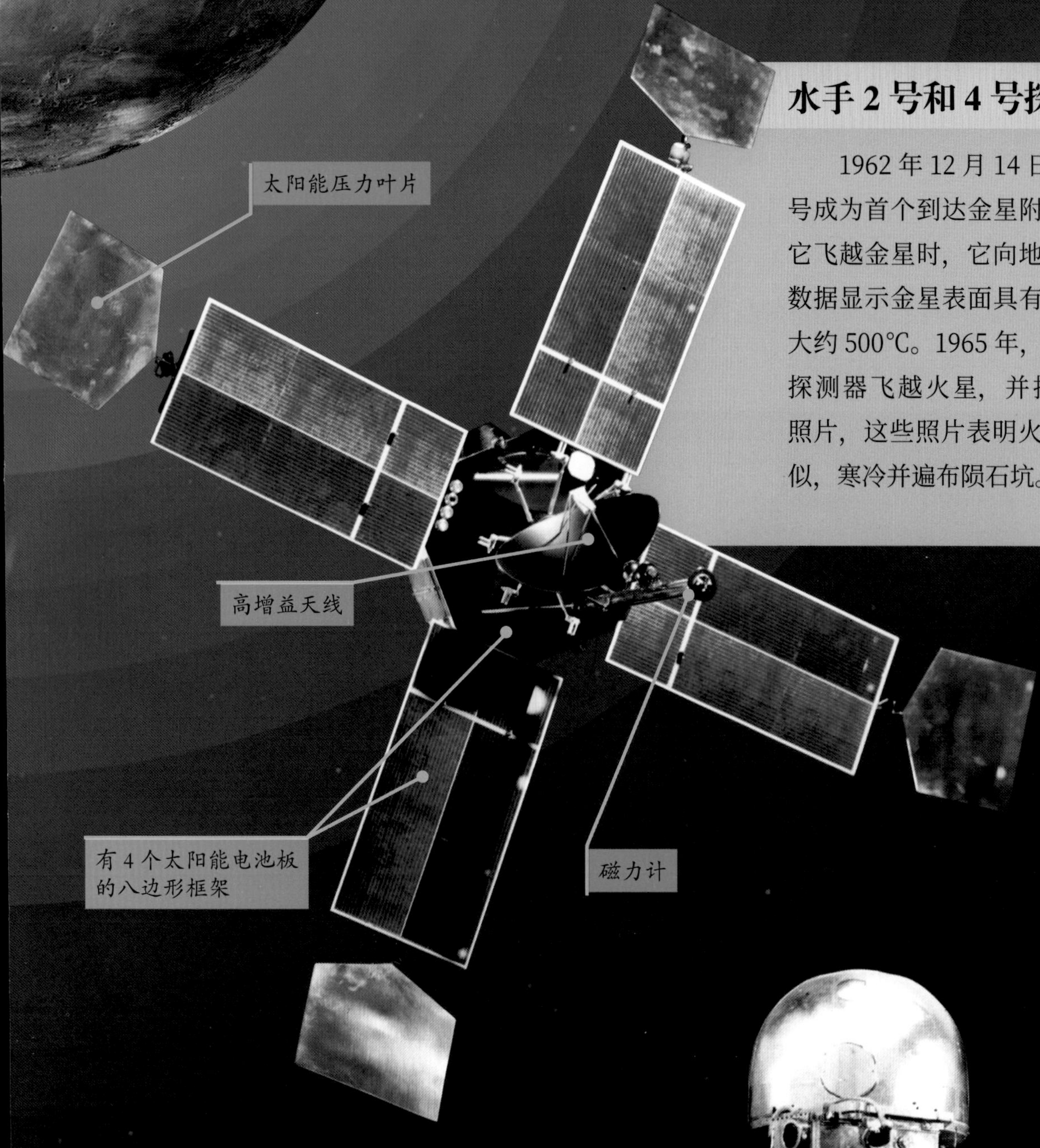

水手2号和4号探测器

1962年12月14日，美国的水手2号成为首个到达金星附近的探测器。当它飞越金星时，它向地球传回了数据，数据显示金星表面具有极高的温度——大约500℃。1965年，美国的水手4号探测器飞越火星，并拍摄了首批火星照片，这些照片表明火星表面和月球类似，寒冷并遍布陨石坑。

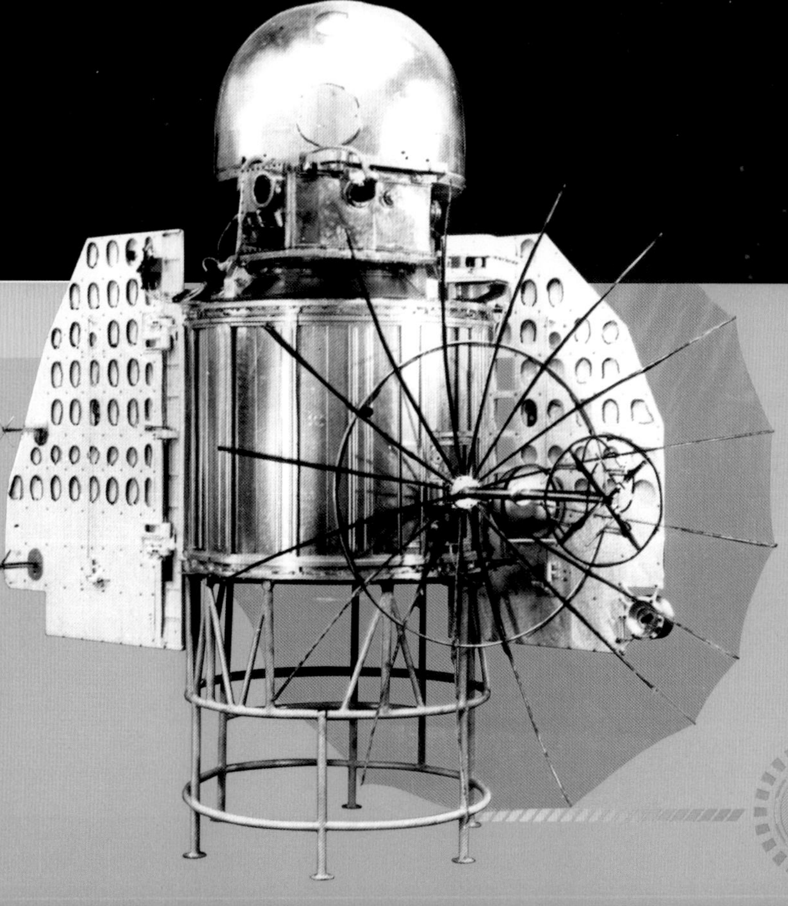

失败的探测器

美国和苏联许多早期的探测器都失败了。苏联的金星1号探测器原本计划飞越金星并发回金星的首批照片。然而，金星1号的无线电系统发生故障，地球上一张照片都没收到。美国的第一个太空探测器水手1号在升空后不久导航系统就停止响应，探测器也爆炸了。

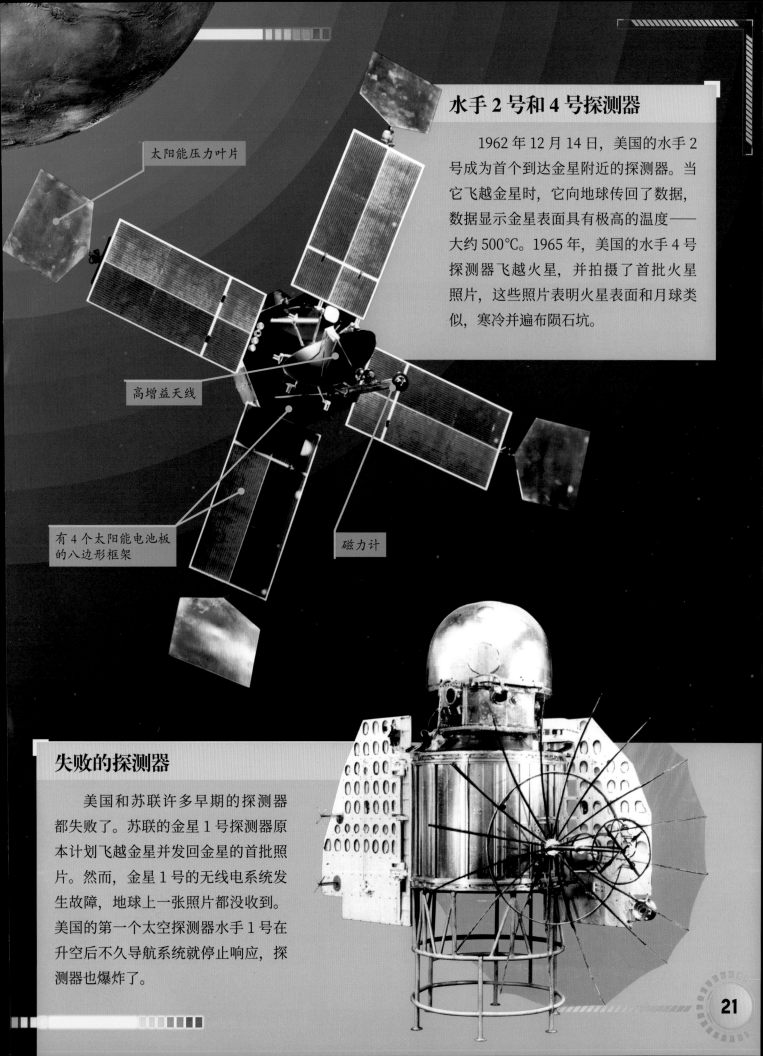

上升号宇宙飞船

20 世纪 60 年代早期，苏联进行了许多充满勇气与雄心的“首次”太空项目来超越美国，这些项目包括首次送女性进入太空、首个地球轨道全天任务、首次送三人团队进入太空等。然而，美国一直紧随其后。当美国国家航空航天局（NASA）宣布了关于新的双子星号宇宙飞船的设计时，苏联开始在这场比赛中冒险，为了竞争而偷工减料。

第一宇航员

1961 年 8 月，25 岁的苏联宇航员吉尔曼·蒂托夫搭乘东方 2 号飞船实现了许多“太空第一”。吉尔曼·蒂托夫成了进入太空的最年轻的人、第一个在轨道待了一整天的人、第一个为地球拍视频的人。他也成了第一个在太空中呕吐的人，他严重“晕飞船”了。

吉尔曼·蒂托夫是斯普特尼克任务中尤里·加加林的替补，但是同加加林一样，他也只去过太空一次。蒂托夫的上司认为他难以相处，爱好争辩。

第一位女性宇航员

1963 年 6 月 16 日，瓦莲京娜·捷列什科娃搭乘东方 6 号宇宙飞船进入地球轨道，成为首位进入太空的女性。捷列什科娃在太空中待了 71 个小时，绕地球 48 圈。在执行任务期间，她患上了“太空病”，但毫发无损地返回了地球。此后 19 年都再没有女性进入太空。

据报道，在太空时，捷列什科娃不与地面任务控制人员交流。然而，她在回来之后仍然成了一位国家英雄。

三人任务

当苏联首席火箭设计师谢尔盖·科罗廖夫得知美国正在建造一个全新的更高级的双子星号飞船时，他决定加速完成另一项“苏联第一”。这是一个三人任务，他们将搭乘最新的上升 1 号飞船。上升 1 号是东方 1 号的简单扩容版，它被进行了一些冒险的改装。例如，它没有东方 1 号那种弹射座椅和太空服，这意味着如果出了任何意外宇航员将无法逃生，在冰冷真空的太空中也没有任何防护措施可以保护宇航员。

上升 1 号档案

乘客：3 人
弗拉基米尔·科马罗夫（指挥官）
康斯坦丁·费奥克蒂斯托夫（航天工程师）
鲍里斯·叶戈罗夫（医生）
长度：5 米
直径：2.43 米
重量：5,320 千克

上升号是第一个搭载了非专业宇航员的飞船。上升号的乘客之一是一位医生，另一位是一个工程师。

上升号起飞

尽管这是当时苏联最冒险的任务之一，但上升1号代表了苏联的另一个成功。上升 1 号于 1964 年 10 月 12 日发射，在轨道待了一天后，将它的乘客们安全带回了地球。尽管上升 1 号是由东方 1 号匆忙改装而成的，但苏联向世界宣布这是个全新的、改进版的设计。上升号的成功意味着苏联在太空竞赛中仍保持着领先地位。

双子星号

美国的双子星号宇宙飞船是当时世界上最先进的飞船。它是第一艘能够改变轨道，并且可以在太空中飞行的飞船。它也可以对接其他的飞船。这说明美国在这场太空竞赛中投入了大量金钱和资源，这也对苏联资金不足的太空项目形成了巨大的压力。

飞行记

在双子星号飞船之前，飞船仅仅是发射升空后沿着它的发射轨道或预定飞行路线飞行。但是双子星号自带了火箭，这使它可以在太空中变换轨道。在许多人的眼中，双子星号宇宙飞船是第一艘真正意义上的宇宙飞船。

泰坦号发射

所有的双子星号飞船都由泰坦 2 号火箭发射。泰坦 2 号火箭是一个二级火箭，有 3 个自燃燃料发动机。这意味着就算不用点火装置，燃料也会自发燃烧或爆炸，发动机也因此更加简单可靠。

泰坦 2 号火箭非常成功，它的改进版本直到 2003 年仍被用于太空发射。

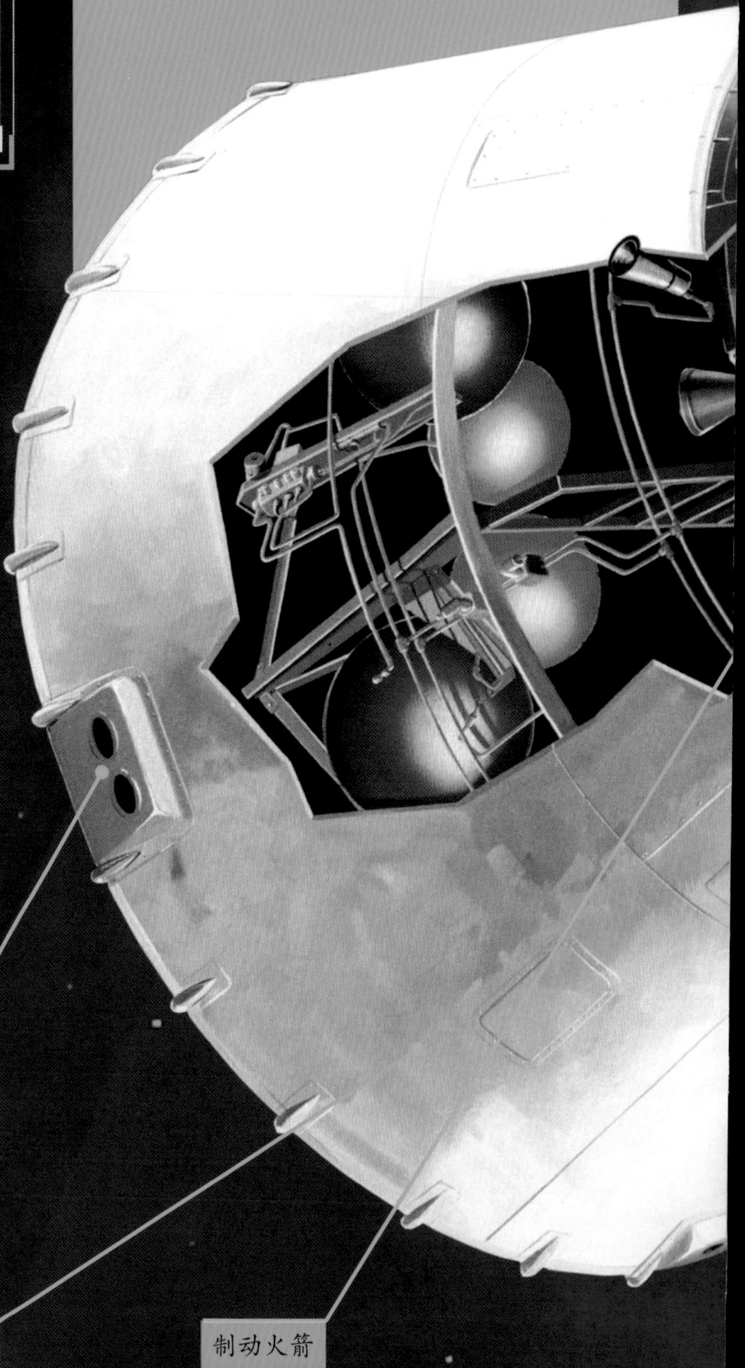

驾驶舱

双子星号飞船上大量的控制面板和手动操纵器让它看起来像是个战斗机驾驶舱。因此，只有经过训练的宇航员才能执行双子星号任务。

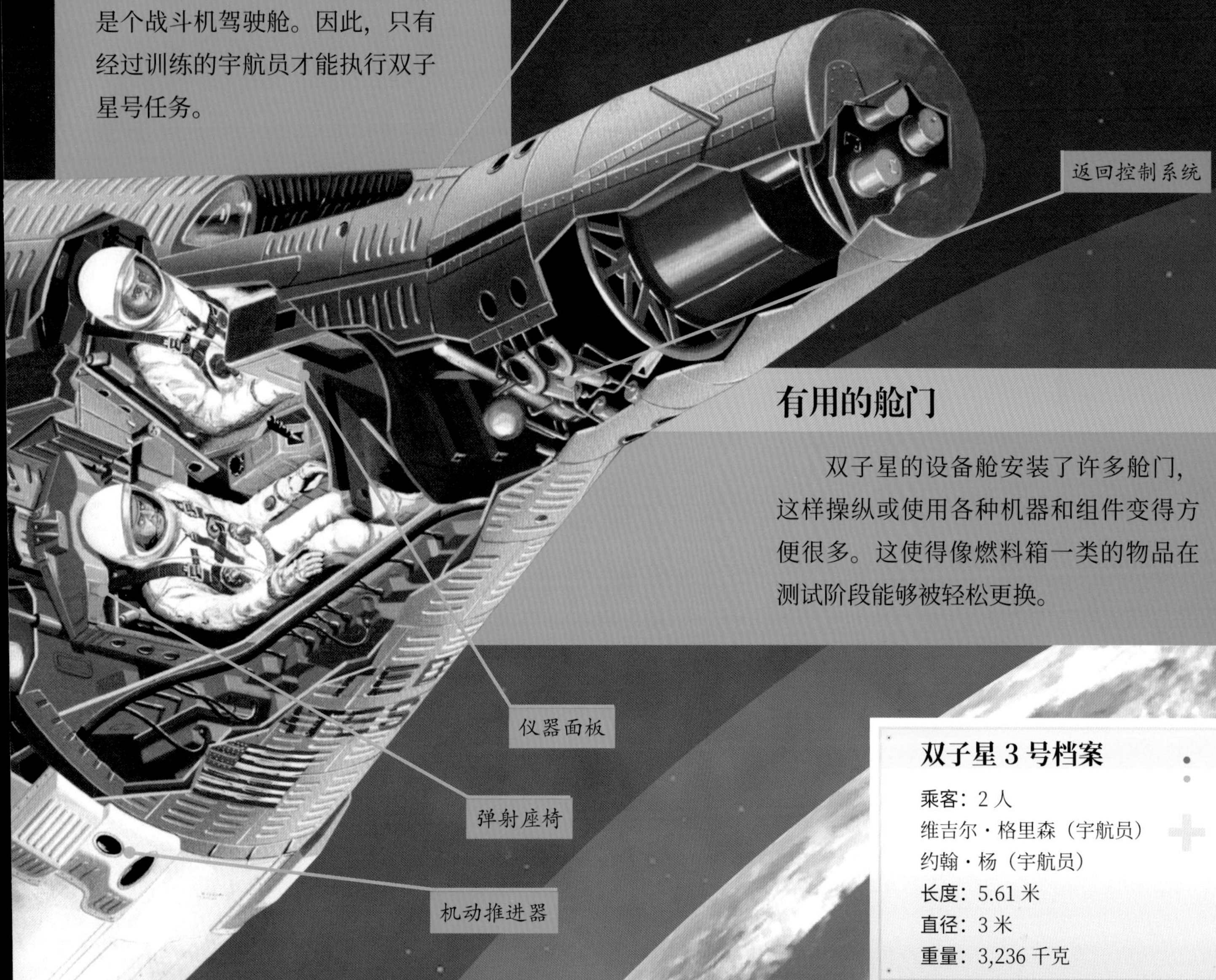

有用的舱门

双子星的设备舱安装了许多舱门，这样操纵或使用各种机器和组件变得方便很多。这使得像燃料箱一类的物品在测试阶段能够被轻松更换。

双子星 3 号档案

乘客：2 人
维吉尔·格里森（宇航员）
约翰·杨（宇航员）
长度：5.61 米
直径：3 米
重量：3,236 千克

宇宙飞船的组成

双子星由 3 个分区组成：返回舱、变轨区、设备舱。宇航员坐在返回舱里，他们的能量和氧气来自设备舱。变轨区装有用于改变轨道的推进器和用于返回的制动火箭。

太空行走

1965 年，苏联完成了他们最后一次的太空壮举。当上升 2 号宇宙飞船位于轨道上的时候，宇航员阿列克谢·列昂诺夫从上升 2 号飞船出舱，进行了人类首次太空行走。仅仅 15 天之后，双子星 4 号飞船宇航员埃德·怀特为美国进行了第一次太空行走。虽然全世界都震惊于人类的太空行走，但事实上两个任务都面临着生命危险。

苏联的太空行走

上升 2 号宇宙飞船的任务是绕地球运行一周，然后宇航员阿列克谢·列昂诺夫将通过气闸舱从飞船出来。列昂诺夫爬进气闸舱，拉开飞船的门，进入太空。一根 5 米长的绳子将列昂诺夫与上升 2 号相连。刚开始，列昂诺夫很满意他 12 分钟的太空行走，但是意外很快发生了。

不断膨胀的压力

几分钟后，阿列克谢·列昂诺夫的宇航服开始膨胀变形，就像被充气的气球。列昂诺夫没办法再次通过上升 2 号的气闸舱，而他宇航服的内部温度也升高到危险的程度。最后一刻，他终于将宇航服里的一些气体放了出去，成功地挤过气闸舱。

“最让我震惊的是安静。非常安静，与我在地球上的任何经历都不同，这种安静巨大而深沉，我开始听到自己身体的声音：我的心跳声，血液在血管里奔流的声音。”

阿列克谢·列昂诺夫
回忆他的太空行走

惊险的返回之旅

回到上升 2 号宇宙飞船后，阿列克谢·列昂诺夫和他的同伴帕维尔·别里亚耶夫发现轨道舱并没有做好重返的准备——与飞船分离。当上升 2 号飞向地球时，它开始了螺旋运动，当与轨道舱相连的绳子烧断后，这种螺旋运动才停止。飞船降落在了西伯利亚茂密的森林里，飞行员不得不在狼、熊的环绕之下，度过寒冷的雪夜。

美国人的努力

宇航员埃德·怀特在从双子星4号出舱进行太空行走的过程中也遇到了困难。怀特与飞船通过绳子连接，他通过一个手持喷气枪射出压缩气体推动自身运动。20分钟后，怀特被叫回双子星4号飞船。但是，回到双子星4号后，他最初无法再次关上舱门。如果怀特始终都无法将舱门关闭，两位宇航员将在返回时死亡。太空行走已经被证实是一项危险的行为。

怀特在太空行走时拍摄的五彩斑斓的照片震惊了世界。而苏联宇航员阿列克谢·列昂诺夫在太空行走时，却无法打开他的彩色相机。

“我不想进来，太好玩了……我回来了……这是我一生中最悲哀的时刻。”

埃德·怀特

在两次被告知返回双子星4号飞船之后

3

登月竞赛

20 世纪 60 年代中期，太空竞赛变得激进而疯狂。随着美国将人类送上月球的期限越来越近，苏联无比渴望战胜他们的超级对手。但是，在苏联绝密太空项目紧闭的大门背后，裂隙开始出现了。美国也在承受着雄心勃勃的登月挑战带来的压力，这个项目被媒体及公众密切关注着。在那些决定性的太空竞赛中，两个超级大国甚至付出了更大的代价。

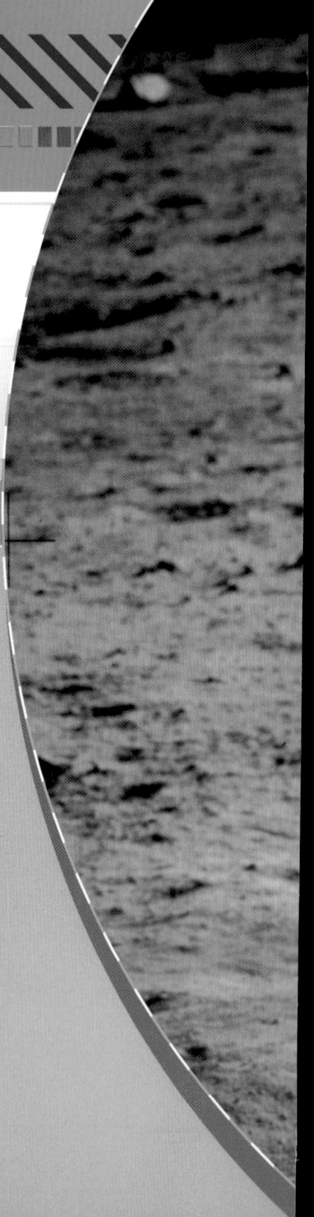

满载的基地

这张拍摄于 20 世纪 60 年代的卡纳维拉尔角的照片显示了空军的核导弹发射场，又被称为“导弹环”，远处是装备组装大楼。

美国和苏联进行太空项目的方式天差地别。美国的太空中心位于佛罗里达州的卡纳维拉尔角，每次发射的成功或失败都通过国家媒体全方位展示出来。与之相对，苏联的拜科努尔发射场严格保密，大多数人甚至不知道它在哪里，更不知道它所执行的任务。

卡纳维拉尔角

卡纳维拉尔角是一个沙地岬角，周围被海水环绕，这让它成为发射火箭的安全场所。自 1949 年成为火箭发射场以来，它逐步发展成了一个拥有多种发射平台、一栋组装大楼、一个航天飞机着陆装置和一个空军站的主要航天发射基地。

从悬架到发射场的 4,000 米距离内修建了轨道，苏联的火箭由一个火车头拉过去。

拜科努尔发射场

这个发射了苏联所有火箭的发射场位于哈萨克斯坦一个偏僻的类似于沙漠的地区。尽管在 1955 年秘密建设之初这里还是一片荒芜，但随着时间的推移，这个发射场仍然成了世界最大的发射场。甚至拜科努尔这个名字也是为了掩藏发射场的位置，拜科努尔的真正所指是距离这个发射场超过 300 千米的一个小镇。

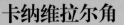

火箭组装

为了组装执行载人登月任务的土星5号大型火箭，卡纳维拉尔角建起了世界上最大的建筑之一——装备组装大楼。装备组装大楼的建造工作于1965年完成，有160米高，使用了近100,000吨钢材。大楼内部使用71个起重机和吊车来建造火箭，有一个138米高的门，可以让火箭顺利到达它们各自的发射平台。

为了将火箭运到发射平台，使用的履带式运输车有6米高，2,720,000千克重，是世界上最大的运输车之一。

媒体和公众

与苏联的航天项目不同，美国国家航空航天局让国家的媒体参与了他们几乎所有的工作。这意味着这一耗资巨大的航空项目获得了美国公众的广泛支持。

在美国国家航空航天局的所有火箭发射活动中，媒体都被安排了极佳的位置。相比之下，在苏联，只有成功的火箭发射才会被官方新闻媒体报道。

土星 5 号

美国的载人登月任务被命名为“阿波罗计划”，这是因为阿波罗号飞船将载着宇航员前往月球。但是，发射飞船需要当时最强大的火箭，这就是土星 5 号，一枚由三级较小的火箭组成的多级火箭。这些火箭将会给阿波罗号飞船足够的推力，使其离开地球轨道，飞往月球。

第一级火箭

第一级火箭会燃烧 2.5 分钟，在脱落之前将土星 5 号送到地球表面 67 千米以上的高空。

土星 5 号档案

高度：110.6 米
直径：10.1 米
发射时重量：3,038,500 千克
无燃料重量：183,395 千克
发动机：洛克达因 F-1/J-2
火箭燃料：液态氧、液态氢、火箭推进剂 -1（煤油）

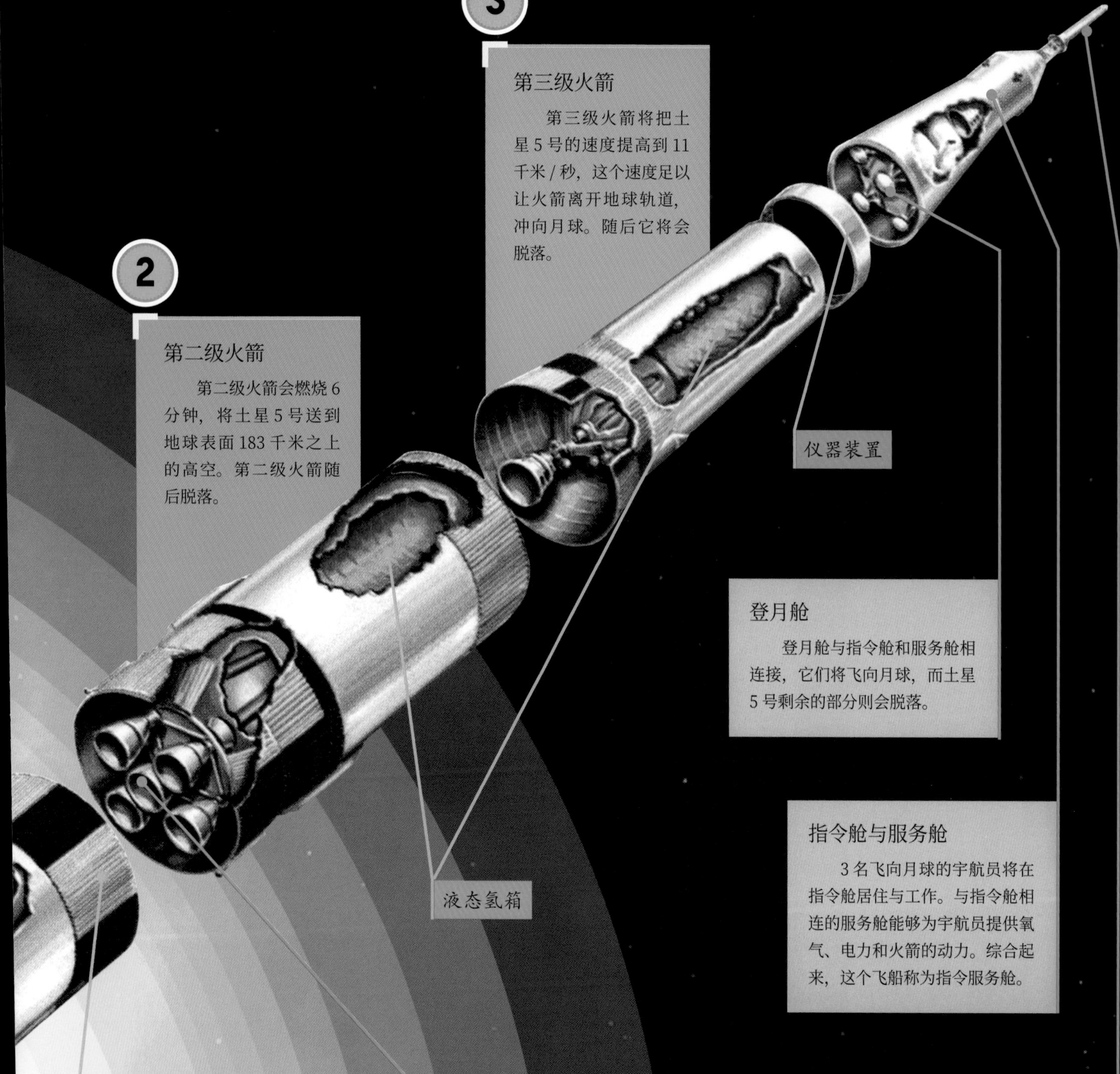

3

第三级火箭

第三级火箭将把土星5号的速度提高到11千米/秒，这个速度足以让火箭离开地球轨道，冲向月球。随后它将会脱落。

2

第二级火箭

第二级火箭会燃烧6分钟，将土星5号送到地球表面183千米之上的高空。第二级火箭随后脱落。

登月舱

登月舱与指令舱和服务舱相连接，它们将飞向月球，而土星5号剩余的部分则会脱落。

指令舱与服务舱

3名飞向月球的宇航员将在指令舱居住与工作。与指令舱相连的服务舱能够为宇航员提供氧气、电力和火箭的动力。综合起来，这个飞船称为指令服务舱。

火箭发动机

土星5号的第一级和第二级火箭有5个巨大的F-1火箭发动机。这些燃尽的燃料、液态氧和释放出的热废气将从5个巨大的喷嘴排出。

逃逸塔

逃逸塔位于火箭前端，能够在紧急情况下将指令舱中的宇航员拉出土星5号火箭。

阿波罗号航天飞船

位于强大的土星 5 号火箭之上的是阿波罗号航天飞船，它将搭载 3 名美国宇航员飞向月球。阿波罗号航天飞船由指令舱、服务舱与登月舱 3 个部分组成，也被称为“鹰号”。指令舱和服务舱在除了重返地球之外的全过程中保持连接。

服务舱

服务舱为身处指令舱的乘客提供至关重要的生命支持系统，包括氧气和电力。它也装载了飞船从月球返回地球所需的推进燃料。

服务舱档案

长度：6.7 米
直径：3.92 米
发射时重量：24,582 千克
发动机：服务推进系统

指令舱

指令舱是阿波罗号飞船最重要的部分。宇航员在往返月球旅途的大部分时间都待在这里，它也是飞船唯一返回地球的部分。

指令舱档案

乘客：3 人
长度：3.47 米
直径：3.92 米
发射时重量：5,947 千克
发动机：反应控制推进器

登月舱

登月舱有两个组成部分：一个下降阶段使用，配有着陆发动机、科学仪器舱和着陆腿；一个上升阶段使用，有一个小火箭引擎和生活区。

登月舱档案

乘客：2 人
长度：6.98 米
直径：9.5 米
发射时重量：15,059 千克
发动机：下降及上升发动机

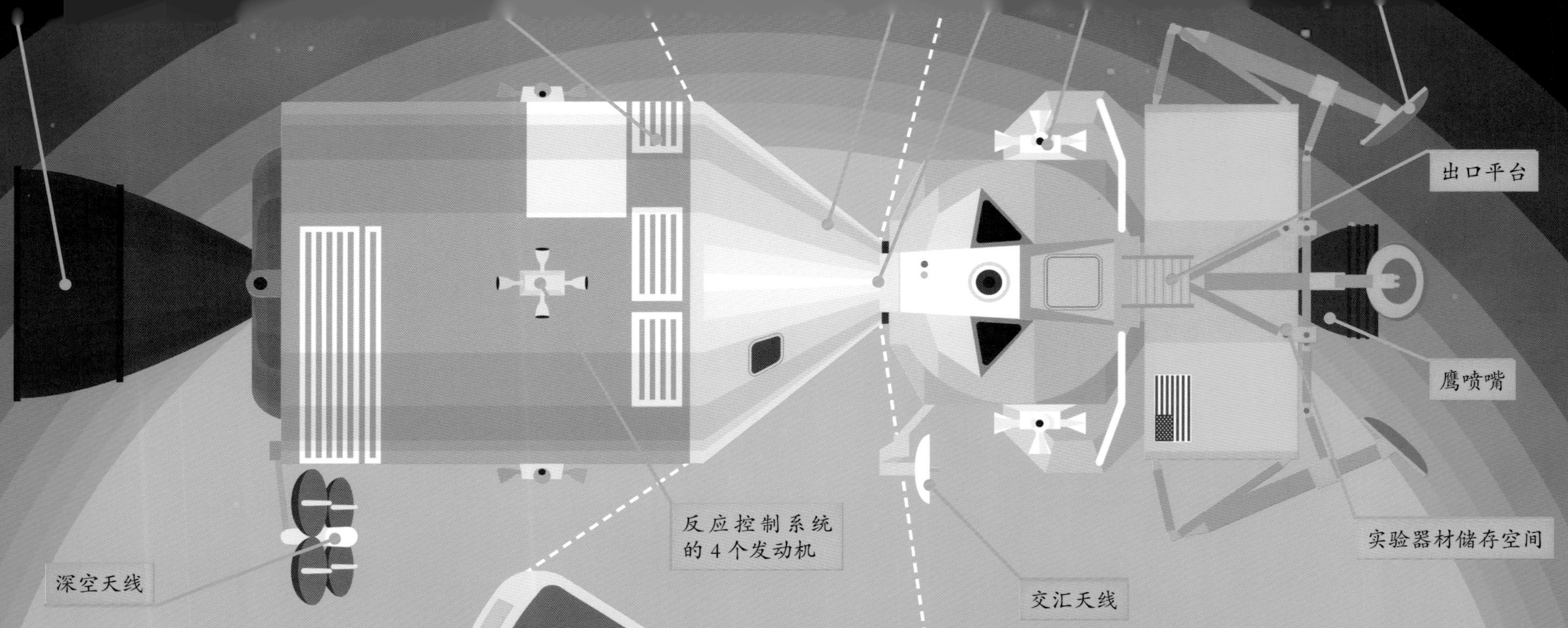

指令舱内部

指令舱内部是 3 个宇航员的座椅，其下有一个狭窄的空间，供他们在零重力环境中休息。座椅周围有包括牙刷、急救箱、星图在内的各式各样的东西。

命令控制

在指令舱中宇航员座位的上方有 1 个巨大的控制面板。尽管这在当时已经非常先进，但是指令舱的计算能力只有现代手机的千分之一。控制面板的两侧有 5 个小窗户。

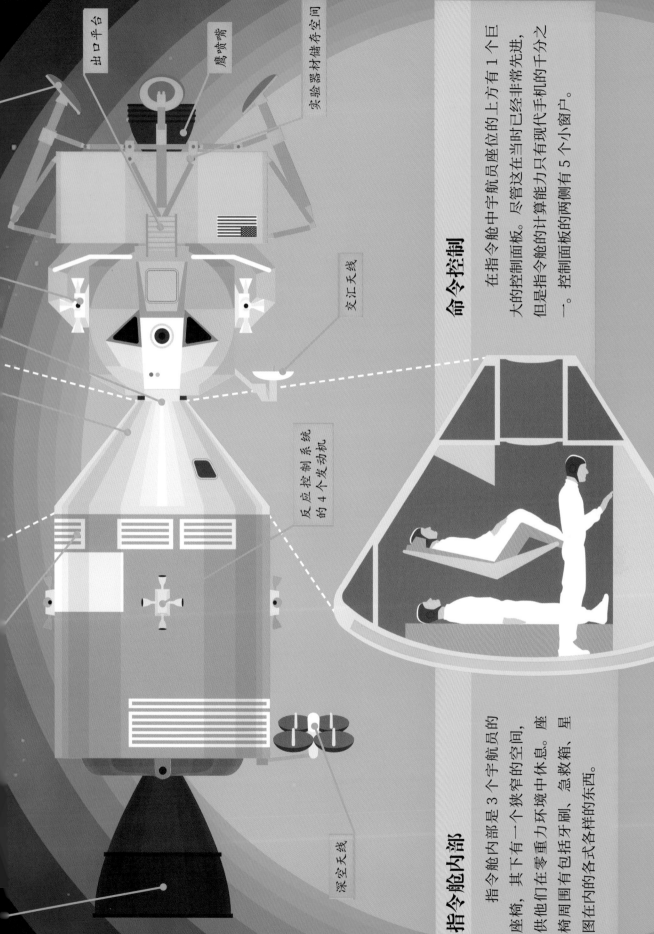

太空训练

苏联和美国早期的宇航员需要经过高强度的训练来为他们的太空任务做准备。没有人知道这些人进入太空会遇到什么，只有最好的战斗机飞行员才能被选中从事这项工作。然而，他们的太空训练也是一种全新的体验，会使受训者的体能和心理都达到极限。

成为宇航员之前，尼尔·阿姆斯特朗是一位战斗机飞行员，他测试过实验型超音速 X-15 火箭动力飞机。

阿姆斯特朗的痛苦

美国宇航员受训者，如尼尔·阿姆斯特朗经历了一系列测试来证明他们有“足够的能力”进入太空。在一项测试中，阿姆斯特朗需要站在一桶冰水里，同时有水喷向他的耳朵，然后被关进一个封闭的房间两个小时，里面没有声音也没有气味。另一项测试里，阿姆斯特朗需要待在一个温度超过 63℃的房间里。他纹丝不动地坐着，试图降低体温以通过测试。

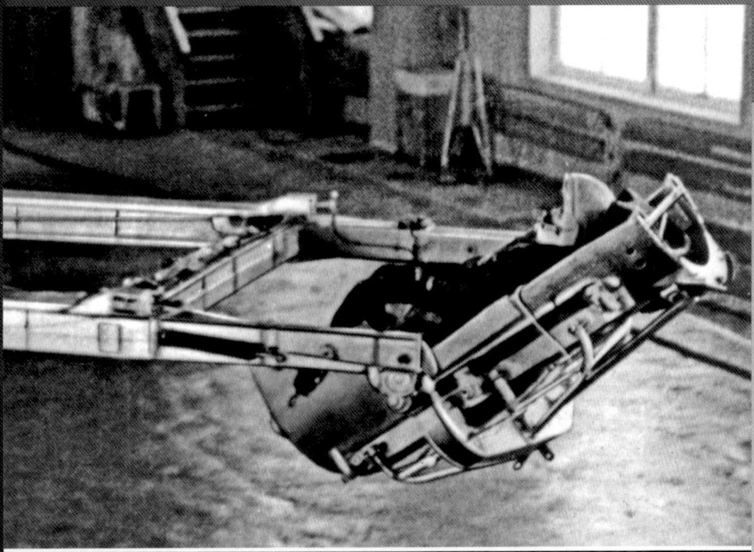

这里的 G 表示重力。由于地球的万有引力，人类一直都承受着大约 1G 的力。在火箭上升过程中，宇航员会承受大约 3G 的力。

加加林的超重实验

尤里·加加林的宇航员训练包括在封闭的房间里待 10 天，然后，他的氧气供给逐渐下降，直到缺氧晕倒。然而，加加林最害怕的测试是离心机的超重测试。机器让宇航员绕着定点高速旋转，来模仿上升时会产生的超重状态。一般人会在 9G 的时候晕倒，但是加加林在离心机里能承受 12G 的力。

"呕吐彗星"是一架经过改造的 C-131 飞机，它飞到很高的地方，然后模拟过山车的自由落体，以此来为里面的人提供一个接近失重的环境。

呕吐彗星

月球上的重力加速度只有地球的 1/6，在太空则一点重力都没有。为了模仿月球的低重力环境，宇航员需要练习穿着宇航服在游泳池中行走。为了熟悉失重状态，他们还会在一个被称为"呕吐彗星"的减重力飞机中训练。之所以会有这个名字是因为失重状态常常会让宇航员想呕吐。

床上飞行

"床上飞行"是登月舱登月时的模拟训练。当登月舱失去控制坠毁爆炸时，尼尔·阿姆斯特朗会从"床架"上弹射出去。幸运的话，他可以活下来。

"床架"有 4 条细长的腿，这一特征使登月舱获得了一个昵称："小虫"。

宇宙飞船的悲剧

为了赶在 1969 年的截止日期之前将人类送上月球，美国阿波罗计划不得不以惊人的速度进行。这意味着并不是所有设备都经过了完备的测试，有些测试可能偷工减料。1967 年，悲剧发生了，3 名阿波罗 1 号宇航员在一次常规测试中不幸身亡。虽然真相被掩盖了很多年，但后来还是披露出苏联也有航天员因事故身亡这一事实。

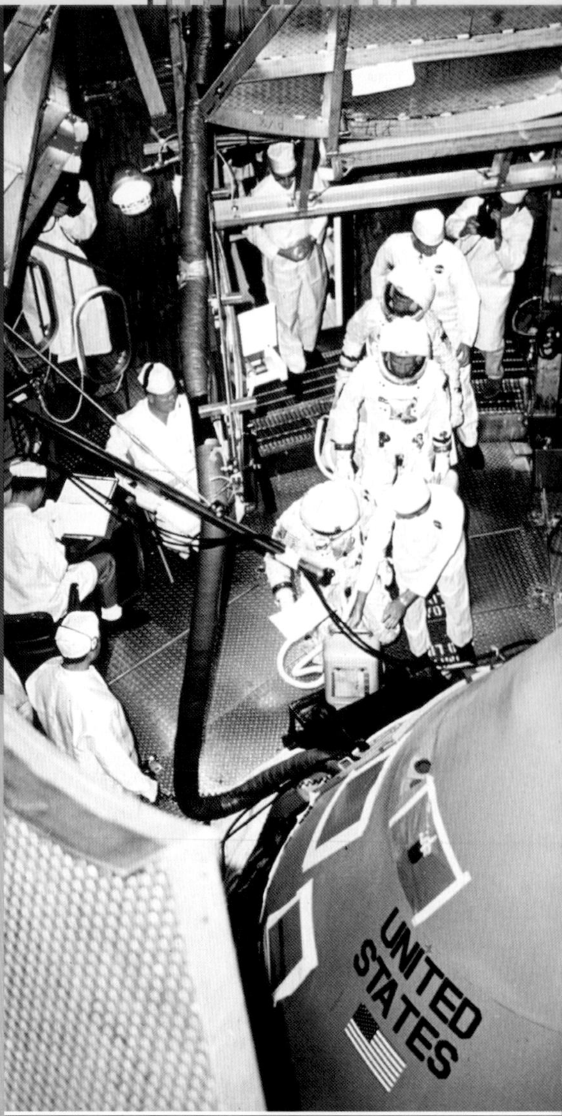

罗杰·查菲通过无线电向控制室报告了火灾："驾驶舱着火了！"

阿波罗 1 号测试

1967 年 1 月 27 日，宇航员埃德·怀特、格斯·格里森姆和罗杰·查菲被封闭在阿波罗 1 号飞船的指令舱内进行仪器测试。但是，一开始就出现了问题。通讯系统无法工作，宇航员们被困在座椅上 5 个小时，直到故障解除。随后，电线的暴露部分发出小小的火花，突然发生了火灾。

悲剧发生

在阿波罗 1 号内部，高压的氧气加速了火势的蔓延，火势很快失去控制。宇航员们试图从内部打开舱门，但即使在正常情况下，这也需要超过 90 秒钟的时间。到那时，3 个宇航员已经被烧死了。尽管美国国家航空航天局（NASA）因为这场死亡惨剧受到了严厉批评，但阿波罗项目还是继续了下去。

格斯·格里森姆死前曾在一次采访中说："如果我们死了，不要为我们哀悼。我们从事的是高风险的职业，我们接受这些风险。"

涅杰林灾难

太空探索史上最大的灾难于 1960 年 10 月 24 日发生在拜科努尔发射场。然而，在事后的许多年里，它一直是国家机密。涅杰林灾难发生在一次实验导弹发射过程中。导弹发射时出现了一系列的问题，涅杰林不顾个人安危执意前往研究。但是，火箭并没有起飞，而是突然爆炸，形成了一个巨大的火球，吞噬了包括涅杰林在内的 126 名苏联航天人员。

一些试图逃离大火的人眨眼间就被困在了被高温熔化的一摊沥青里。

永别了，科罗廖夫

1966 年，苏联首席火箭设计师谢尔盖·科罗廖夫在一个常规手术中意外死亡。科罗廖夫之死对苏联的太空项目来说是个巨大的打击，他们雄心勃勃的载人登月之梦结束了。

在科罗廖夫死后，他的身份首次对世界公开，苏联为他举行了国葬。沃纳·冯·布劳恩通过报纸首次读到了关于他的伟大的竞争对手的信息。

登陆月球：阿波罗 11 号

1969 年 7 月 16 日，阿波罗 11 号从卡纳维拉尔角发射升空。美国要赶在最后期限前将人类送上月球，并在这个过程中战胜他的竞争对手苏联。然而，前方还有 377,962 千米的路途。一旦土星 5 号的几级火箭全部脱落，指令舱和服务舱需要带着月球着陆器前行，并把它发射到月球表面。旅途中很多地方都可能会出现意外。

发射逃逸塔脱落

指令舱底部的一个小火箭是供意外出现时逃生用的。在这个高度，它已经没用了，便会自动脱落。

第二级火箭

第二级火箭的 5 个火箭发动机燃烧了大约 8 分钟。它们将阿波罗 11 号送到了地球大气层上层，随后分离。

第一级火箭

第一级火箭的威力最大。5 个巨大的火箭发动机将阿波罗 11 号带到了距地面 67 千米高的位置，随后，它们脱落跌入大西洋。

升空

土星 5 号的发动机花费了大约 12 分钟的时间将登月飞船和它的 3 名乘客带到地球轨道。

土星 5 号火箭

这个 110 米高、将阿波罗 11 号送上太空的火箭由三级火箭构成。每级火箭的燃料耗尽后会自动脱落，以减轻重量。

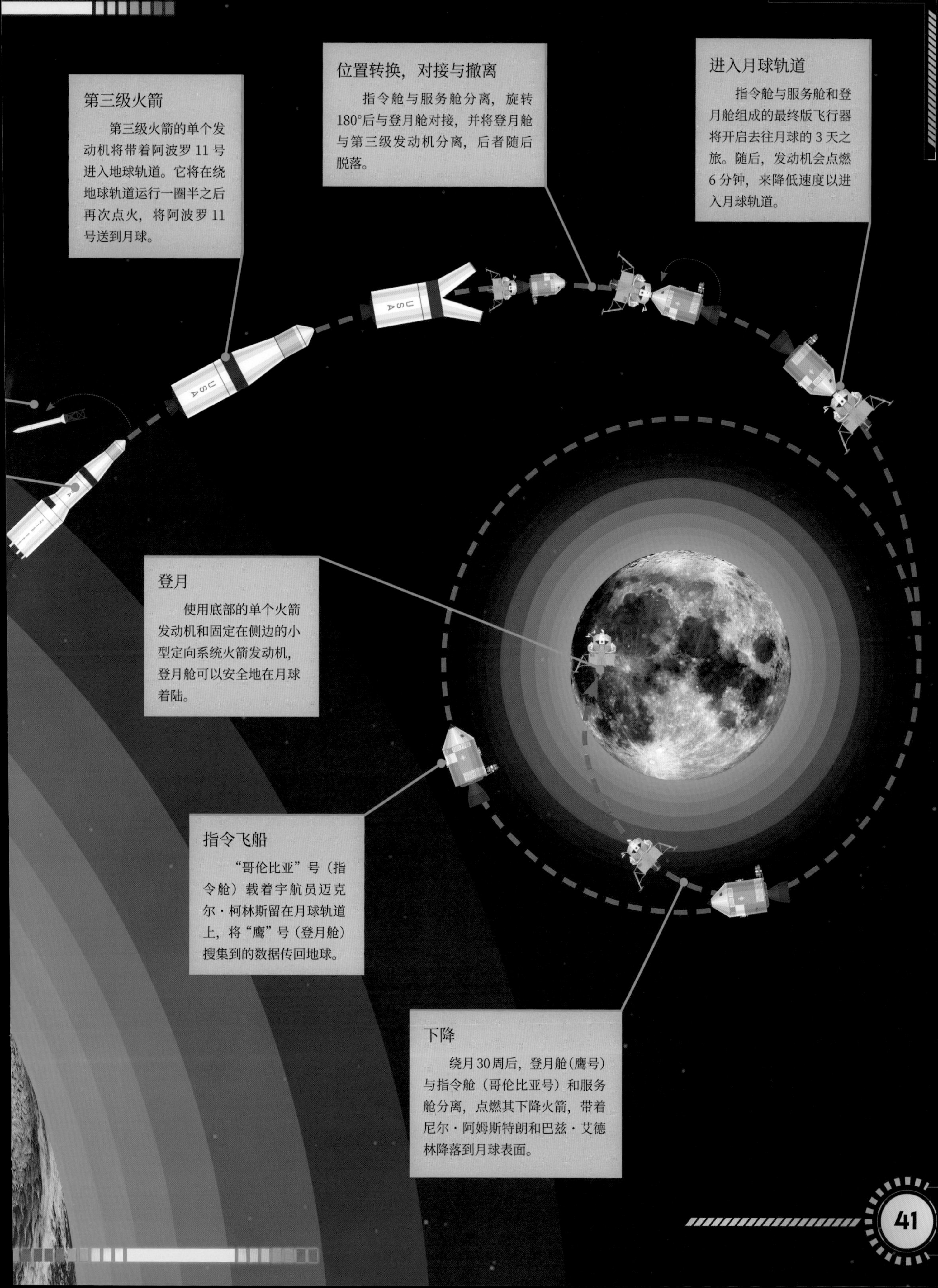

第三级火箭

第三级火箭的单个发动机将带着阿波罗11号进入地球轨道。它将在绕地球轨道运行一圈半之后再次点火，将阿波罗11号送到月球。

位置转换，对接与撤离

指令舱与服务舱分离，旋转180°后与登月舱对接，并将登月舱与第三级发动机分离，后者随后脱落。

进入月球轨道

指令舱与服务舱和登月舱组成的最终版飞行器将开启去往月球的3天之旅。随后，发动机会点燃6分钟，来降低速度以进入月球轨道。

登月

使用底部的单个火箭发动机和固定在侧边的小型定向系统火箭发动机，登月舱可以安全地在月球着陆。

指令飞船

“哥伦比亚”号（指令舱）载着宇航员迈克尔·柯林斯留在月球轨道上，将“鹰”号（登月舱）搜集到的数据传回地球。

下降

绕月30周后，登月舱(鹰号)与指令舱（哥伦比亚号）和服务舱分离，点燃其下降火箭，带着尼尔·阿姆斯特朗和巴兹·艾德林降落到月球表面。

登月舱

1969 年 7 月 20 日，尼尔·阿姆斯特朗焦急地搜寻着一个让月球着陆舱降落的地方。地面任务控制中心提醒阿姆斯特朗他剩下的燃料只能支撑 60 秒了。每个人都屏住呼吸。突然，从广播里传来阿姆斯特朗的声音，全世界的人们听到了他们盼望已久的消息：“‘鹰’着陆了。”宇航员们安全地落到了月球表面。

二合一

登月舱由两个独立部分组成：下降段用于登陆月球，上升段用于将宇航员带回到月球轨道。

上升段

登月舱的上半部分用于搭载两名宇航员，配备飞行控制装置和小型火箭发动机。

下降段

下半部分装载了燃料和控制“鹰”着陆的发动机，它也为上升段提供了平稳的发射平台。当宇航员离开后，它会留在月球表面。

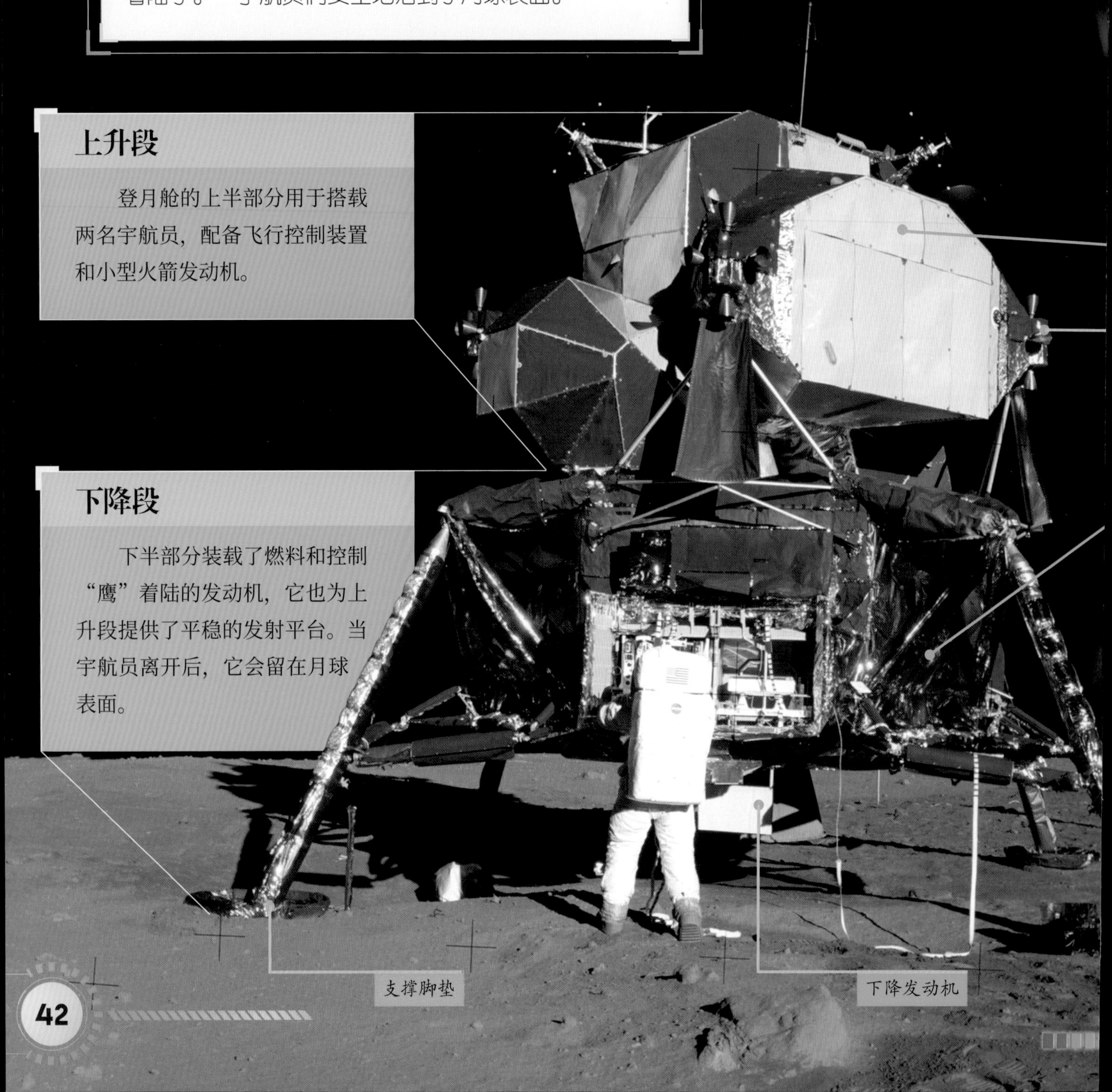

尼尔·阿姆斯特朗

巴兹·艾德林

舱室

月球的低重力意味着上升阶段的舱室里不需要座位。宇航员们站着操纵飞船！

反应控制推进器

防护罩

特殊材质的合金和塑料片保护下降阶段不受高温和微流星体碎片的伤害。

阿波罗 11 号登月舱档案

乘客：2（尼尔·阿姆斯特朗、巴兹·艾德林）
高度：7.0 米
宽度：9.4 米
重量（空载）：3,920 千克
重量（搭载乘客和燃料）：14,700 千克

登月之人

月球着陆器降落到月球表面，标志着太空竞赛的结束。沃纳·冯·布劳恩设计的阿波罗号帮助美国人赢得了这场比赛。此时，地球上有超过 500 万的电视观众通过电视屏幕一起见证了尼尔·阿姆斯特朗爬下月球着陆器的梯子，站在月球表面上。“这是个人迈出的一小步，”阿姆斯特朗通过他的无线电话筒告诉世界，“但却是人类迈出的一大步。”

月球上没有雨也没有风，因此尼尔·阿姆斯特朗的脚印将在那里留存多年。

尼尔·阿姆斯特朗拍摄了大部分的月球照片。只有在一张照片中巴兹·艾德林头盔面罩的映像里看得到他。

没有生命的世界

阿波罗 11 号的宇航员尼尔·阿姆斯特朗和巴兹·艾德林发现月球是个冰冷荒芜的地方，没有一丝生命的气息。月球表面被斜长岩和玄武岩及其粉尘覆盖，在太阳光照射下呈现出灰色调。

相机捕捉

宇航员们拍摄了许多他们在月球上探险的照片，并通过电视摄像机将足迹传回地球。这让全世界看到了美国国旗在月球上飘扬，证明他们在太空竞赛中取得的胜利。这面国旗看起来像是在迎风飞舞，但实际上它是静止的。人们还在月球上留下了一块纪念匾和一块奖牌，用来纪念阿波罗 1 号的宇航员们以及宇航员尤里·加加林，后者在 1968 年的一次飞行事故中遇难。

月球任务

阿波罗号宇航员的首要任务是在要迅速离开的情况下，采集一块岩石标本。标本将会为地质学家们提供关于月球上可能存在水或者生命的线索。然后，宇航员们要把科学仪器从月球着陆器上卸下来。这些仪器用于操作一些在地球上可控制的实验，例如检测“月震”以及计算月球与地球的实际距离。

阿姆斯特朗和巴兹·艾德林采集了 21.7 千克月球的岩石和土壤样本，他们的宇航服上还吸附了许多的月球灰尘。

返回地球

为了回到地球，月球着陆器的上升舱从月球出发，飞向指令舱和服务舱。这项操作由留在太空中的迈克尔·柯林斯指挥。

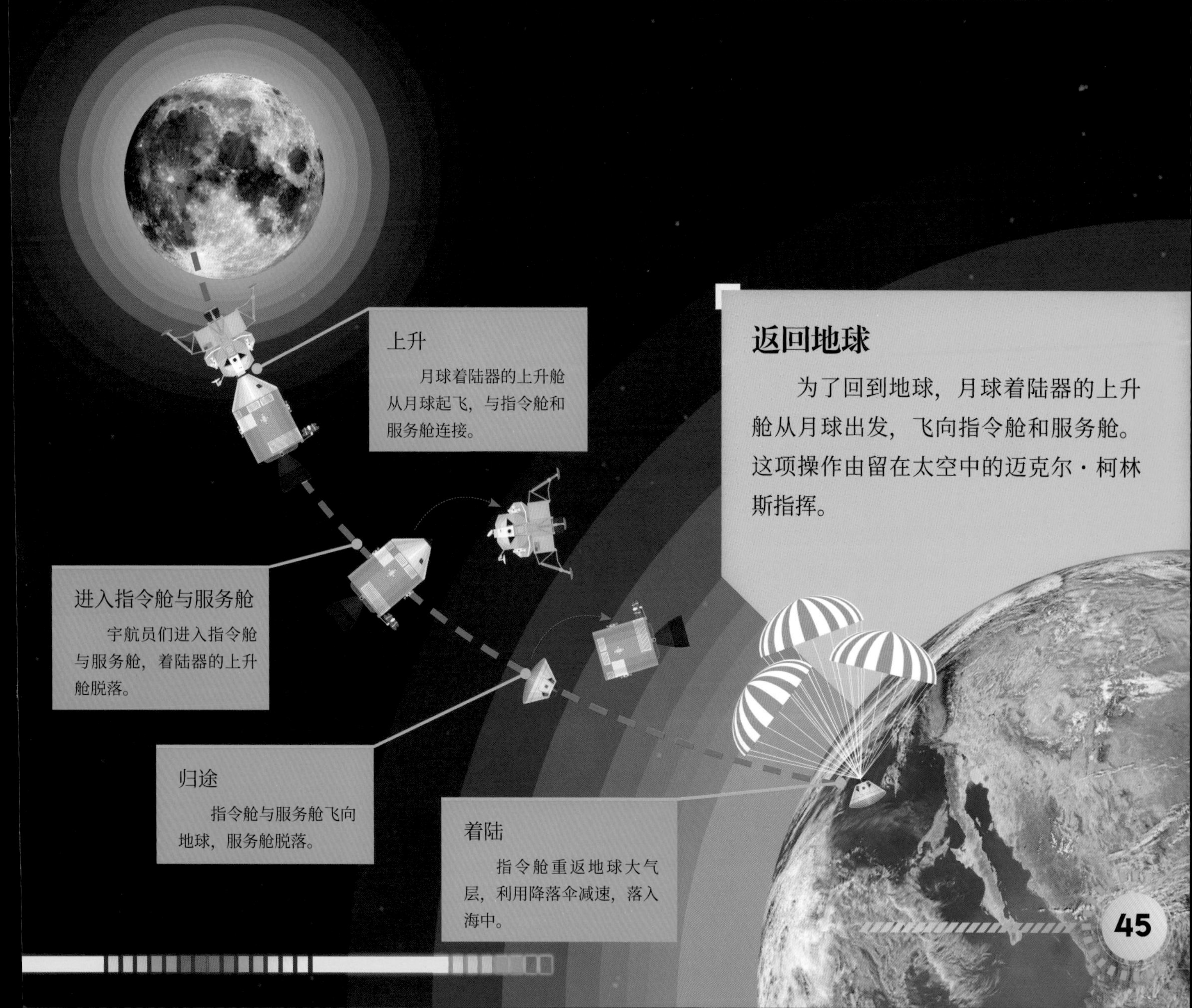
上升
月球着陆器的上升舱从月球起飞，与指令舱和服务舱连接。
进入指令舱与服务舱
宇航员们进入指令舱与服务舱，着陆器的上升舱脱落。
归途
指令舱与服务舱飞向地球，服务舱脱落。
着陆
指令舱重返地球大气层，利用降落伞减速，落入海中。

阿波罗号的宇航服

阿波罗号宇航员们穿的宇航服不仅是一件具有保护层的衣服，实际上，更像是个内置生命支持系统的小飞船。配备生命支持系统的宇航服可以提供氧气并保护宇航员不受真空宇宙中极端温度的伤害。如果没有宇航服，宇航员们会在几秒钟内晕倒，他们的血液也会被冻住。

阿波罗号 A7L 宇航服档案

制造时间：1967 年
外层材料：有光泽的戈尔特斯面料
宇航服在地球上的重量：86 千克
宇航服在月球上的重量：14 千克
基础生命支持：16 小时
备份生命支持：30 分钟

头盔

阿波罗号宇航服的头盔由三个部分组成：第一层是一个有内置通讯系统的紧密的帽子；下一层是一个压力头盔，用于维持宇航员的呼吸；最后一层头盔有一个太阳防护层和面罩。

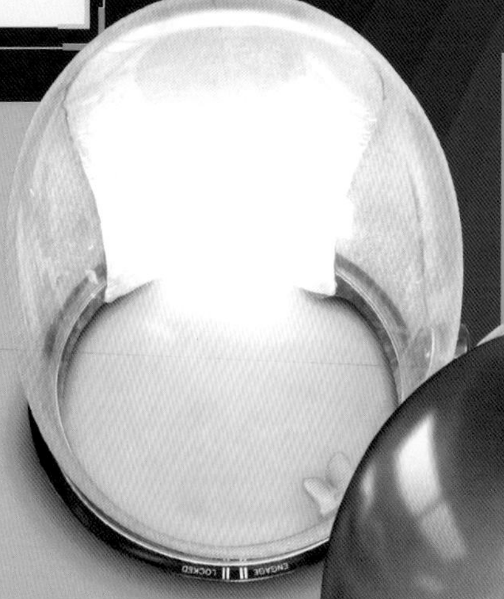

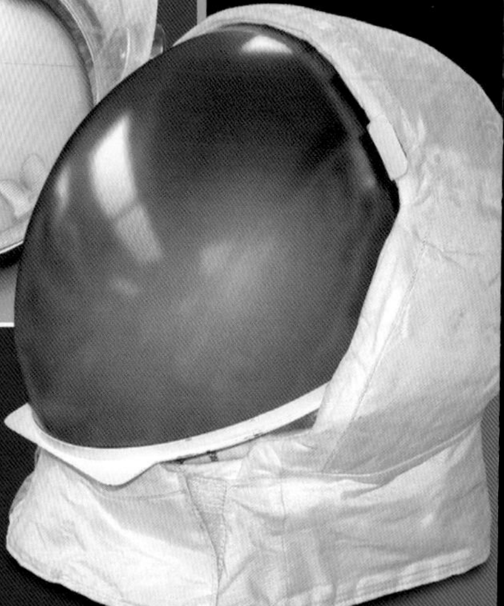

镀金面罩对太阳灼烧与紫外线有防护作用

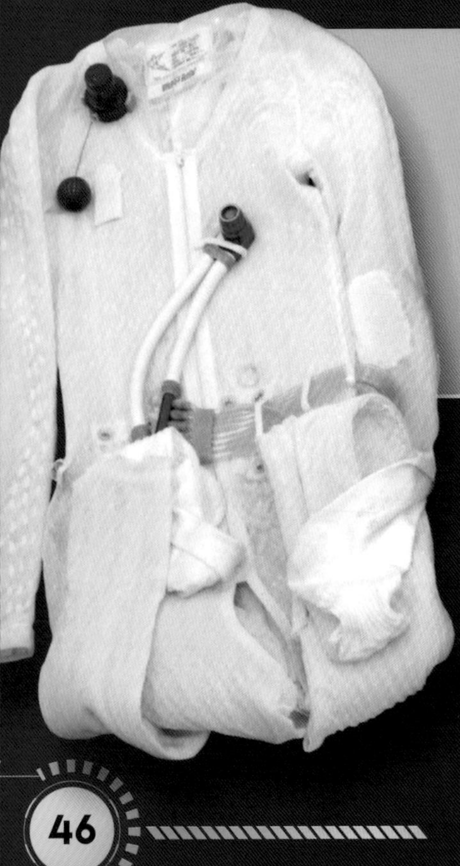

层层叠叠

宇航服之下，宇航员们还有一层衣服，里面包含各种管道，水在他们身体周围循环流动来保持内部的凉爽。为了保温，宇航服的最外层由镀铝织物制成。臀部周围有尿液收集和输送装置。

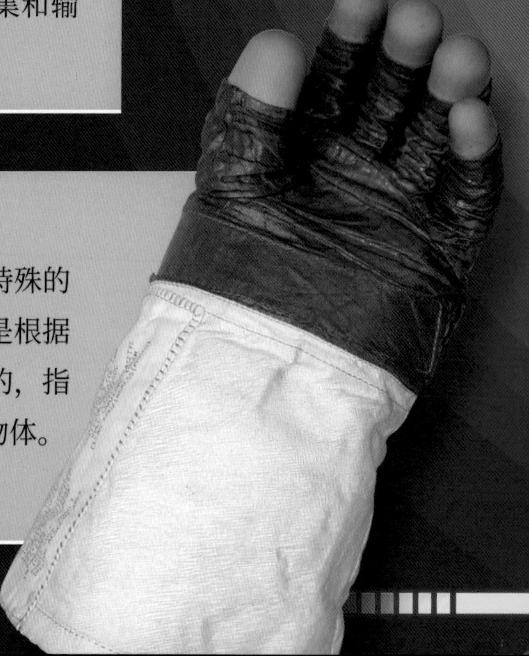

手套

宇航员在月球上时会戴一种特殊的舱内手套。这种格外厚重的手套是根据每个宇航员的手部特征单独定制的，指尖覆盖着橡胶，以帮助他们抓握物体。

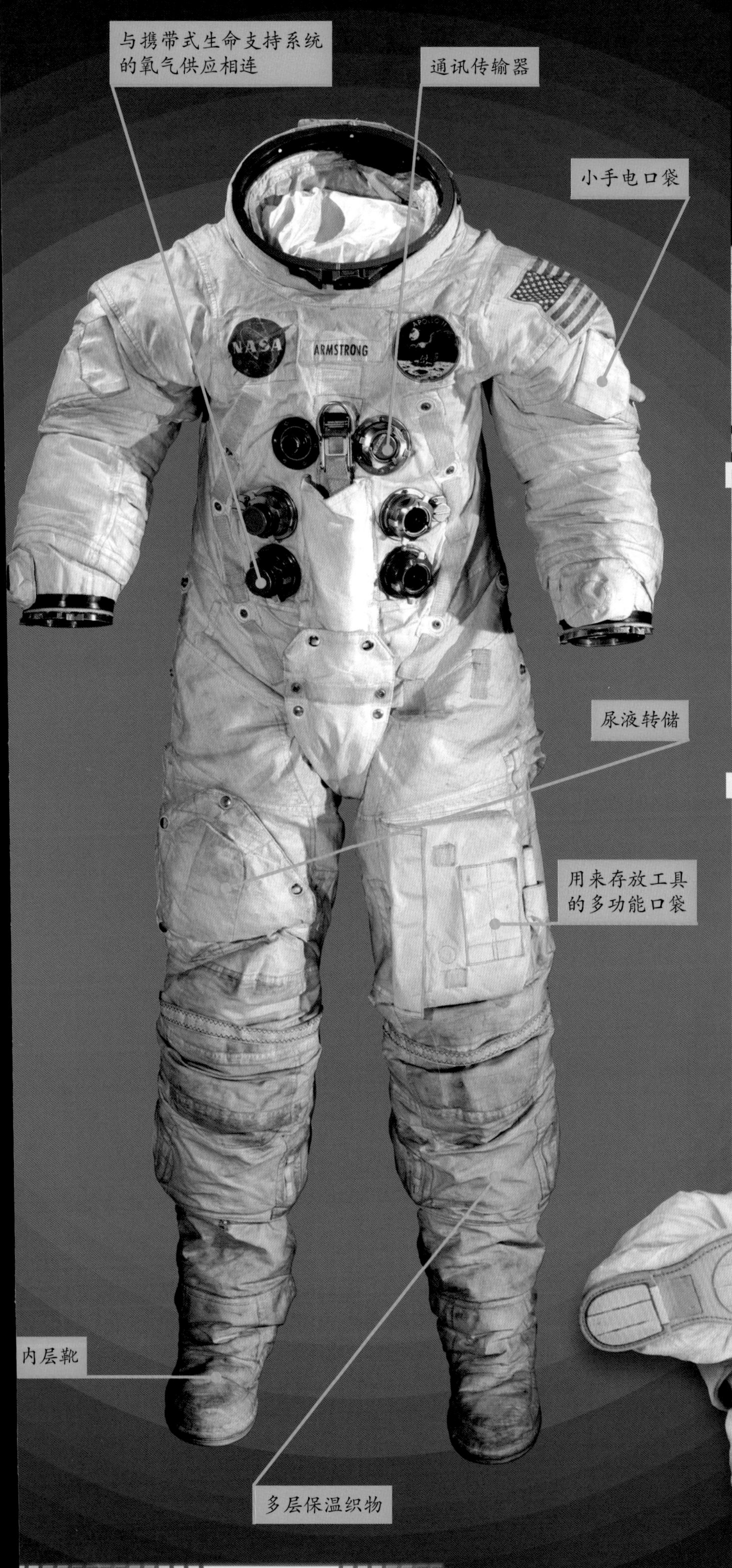

背包

宇航员的背包被称为便携式生命支持系统（PLSS），里面有氧气、维持正常体温的降温系统、饮用水和无线电设备。

月球靴

阿波罗号的月球靴由内层靴和外层鞋套组成，这是为了防止在宇航员的行走过程中某一层被刺破。外层鞋套有厚重的橡胶鞋底，后续会被脱掉以防止把月球尘埃带到月球着陆器中。

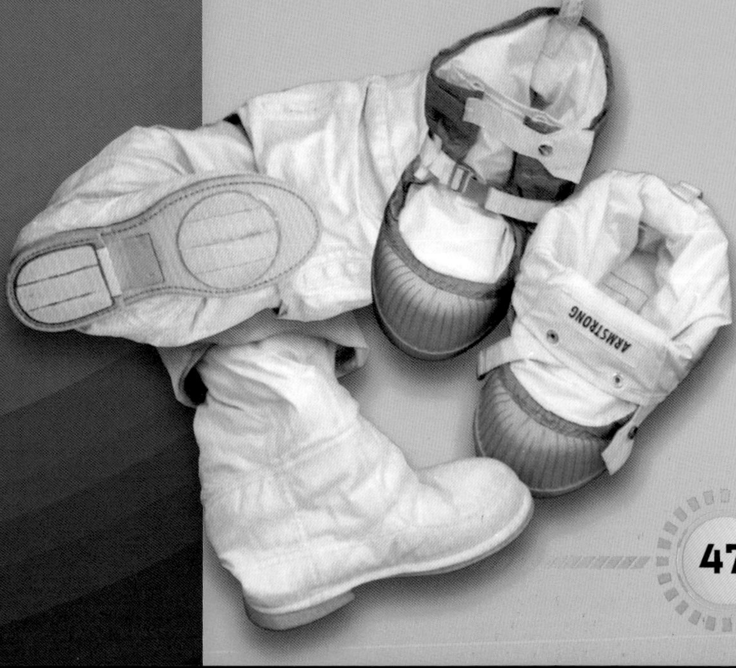

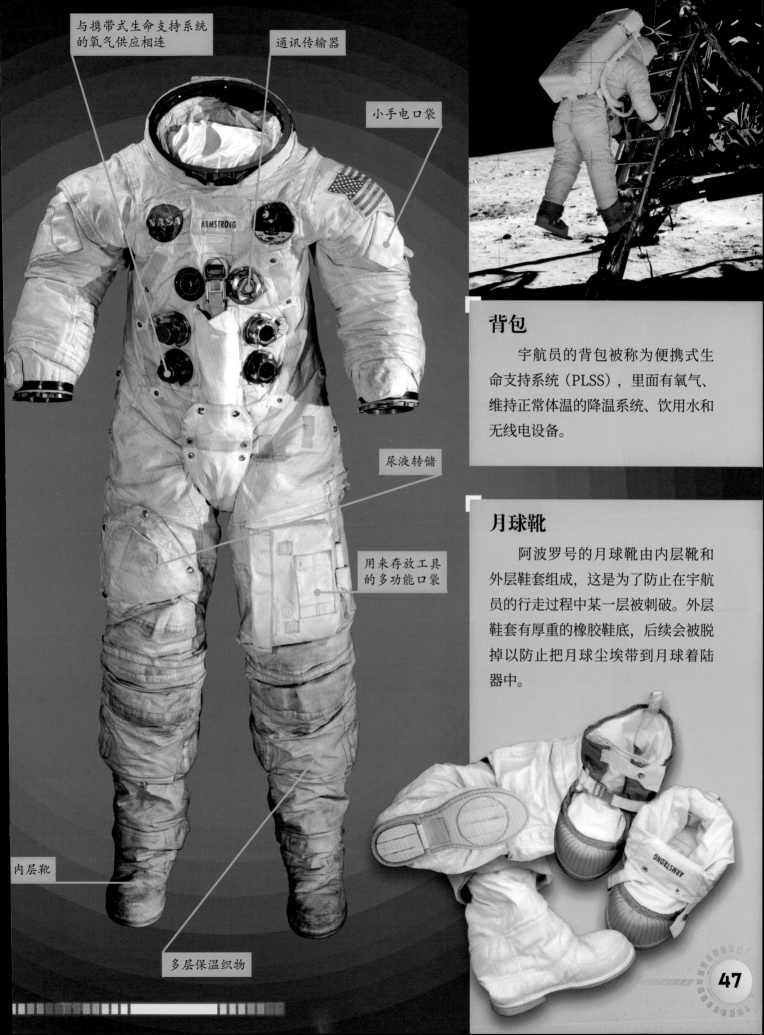

4

空间站与航天飞机

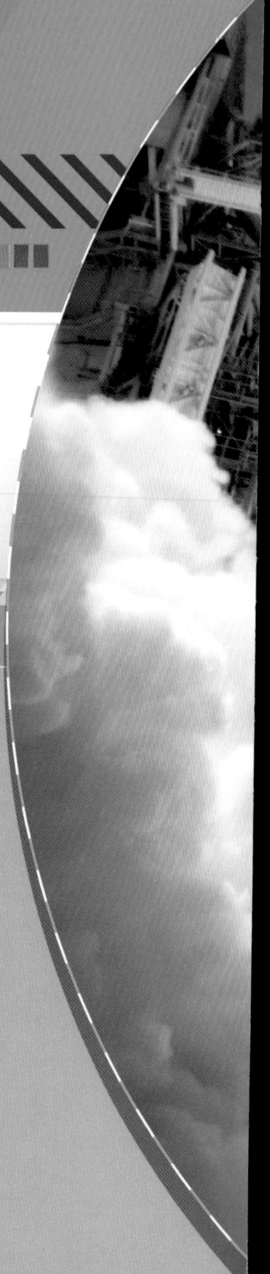

太空竞赛在 1969 年结束后，没人知道下一项太空挑战将会是什么。美国阿波罗任务将人类送到月球，直到 1972 年，美国政府决定停止耗资巨大的月球探索。此后，美国国家航空航天局（NASA）开始把精力转移到美国国内。航天局开始了国际空间站计划。苏联也有相似的计划。这开启了合作建设空间站的新纪元，两大超级巨头的太空竞赛停止了。

United States
Atlantis
2
SIDE 1

壮观的联盟号

尽管苏联首席火箭设计师谢尔盖·科罗廖夫于1966年去世，但是他留下了最后的遗产——联盟号飞船。联盟号于1967年成功发射，是首艘可以在太空中与其他航天器对接的苏联飞船。这是个非常成功的设计，联盟号飞船直到今天还在运行。它被用来将乘客和物资运到国际空间站，人们认为它是全世界最安全可靠的太空交通工具。

联盟号档案

乘客：3人
长度：2.6米
直径：2.72米
太阳能电池板的宽度：9.9米
发射时重量：6,560千克
着陆时重量：2,810千克
燃料：主发动机利用硝酸、联氨；推进器使用过氧化氢

联盟号组成部分

联盟号飞船由三个舱组成。在太空时，宇航员在前方的轨道舱中居住和工作。这个舱有个舱门与钟形的返回舱相连，返回舱是联盟号唯一会回到地球的舱室。服务舱在联盟号后部，装载着飞船的发动机和电源。

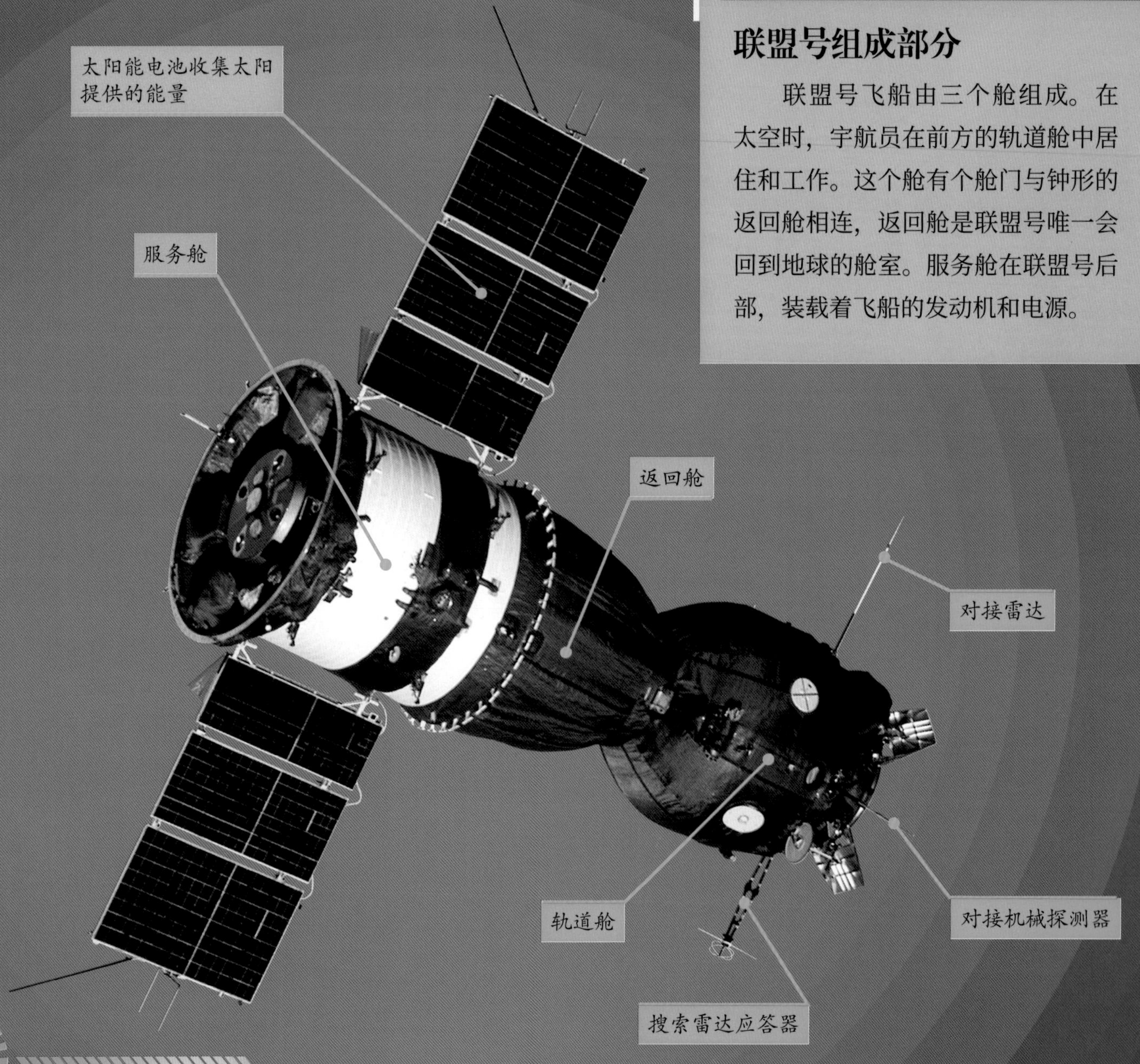

联盟号火箭

谢尔盖·科罗廖夫的遗产不仅有联盟号飞船，还有用来发射它的火箭。联盟号火箭由科罗廖夫早期设计的用来发射斯普特尼克号和东方号的 R-7 火箭发展而来。然而，联盟号火箭最上端的第三级火箭是全新的，这给了它更大的推进力量。

联盟号火箭有三级。第一级和第二级会在点火发射后 5 分钟左右耗尽。第三级会在将飞船射入轨道后的 4 分钟之后耗尽。

美国和苏联的宇航员们接受了集中的语言训练，因此他们在太空中也可以相互沟通。

联盟号与阿波罗号的握手

1975 年，美国和苏联决定通过联盟号与阿波罗号的太空对接停止他们的竞赛。这意味着两大巨头将从此共享他们的太空技术，并在必要的时候展开相互之间的太空营救。7 月 17 日，联盟号和阿波罗号以及它们的 5 名乘客在两个飞行器间实现了转移。这个任务就像是两大太空巨头的握手。

永别了，冯·布劳恩

尽管人们常会想起他那段充满争议的纳粹时光，但是沃纳·冯·布劳恩仍是美国国家航空航天局（NASA）阿波罗登月计划的幕后推手。布劳恩监督了整个阿波罗任务，但是并没有实现他建立月球基地的梦想。他于 1977 年死于癌症。

空间站

在美国把人类送上月球之后，苏联放弃了月球登陆计划。取而代之的是，苏联将太空计划的重心放在向地球轨道发射一个空间站。空间站的发射是为了进行各项实验，并研究人体是如何适应太空生活的。苏联在空间站技术方面起到了领军作用，在1971年到1982年间发射了7个礼炮号空间站。

礼炮号空间站

每个礼炮号空间站的外观都呈圆筒状，有3个加压舱室来搭载3名宇航员。礼炮1号于1971年发射，在太空中待了175天，绕地球运行约3,000圈。联盟11号的乘客是第一批进入礼炮1号的居民，在里面居住了23天。然而，在他们返回地球的路上，联盟11号返回舱的空气阀失效，3名宇航员不幸身亡。

礼炮号的命名是为了向尤里·加加林的首次载人绕地球轨道飞行致敬。

礼炮1号档案

乘客：3人
长度：13.5米
直径：4.15米
发射时重量：18,600千克
燃料：硝酸
能量来源：4个太阳能电池板

发射天空实验室

美国的天空实验室发射于1973年，美国希望这能成为一个设施齐备的空间实验室。尽管天空实验室的太阳能面板被划破，防热层也在发射时被破坏，但还是有一些宇航员成功地在它6年职业生涯里进入了天空实验室。天空实验室的最后一批乘客在太空居住了3个月，创造了一项纪录，为失重环境对于人体长期影响的研究提供了重要信息。

天空实验室的主要部分由一个未经使用的土星5号的空载第三级火箭改造而成。

天空实验室档案

乘客：3人
长度：36.1米
直径：6.6米
发射时重量：34,473千克
能量来源：太阳能电池板

欧洲的空间实验室

欧洲对空间站技术的第一次贡献是空间实验室。这是一个小型的可重复利用空间实验室，能够被装进航天飞机的货舱里，它的设计初衷是进行零重力实验。1983 年到 1998 年间，欧洲的空间实验室一共执行了 22 次空间实验任务。

欧洲空间实验室档案

乘客：6~7 人
长度：7 米
直径：4.1 米
发射时重量：12,923 千克

空间实验室是几个欧洲国家的早期合作项目，是欧洲航天局的前身。

阿波罗望远镜

天空实验室里最基础的仪器是阿波罗望远镜，它是地球轨道里最强大的太阳望远镜，它的工作是拍摄太阳照片并记录太阳的相关信息。

和平号空间站

苏联的和平号空间站发射于 1986 年，是迄今为止最大的空间站，也是第一个长期载人的空间站。它由不同舱室组建而成，建造周期超过 10 年。和平号空间站被设计用来测试人类是否可以永久居住在太空，因此 3 名宇航员连续数月待在和平号中。1995 年，宇航员瓦列里·波利亚科夫打破了宇航员太空居住的最长纪录——他在和平号里居住了 437 天。

对接舱

1995 年，和平号增加了对接舱，从此，美国的航天飞机也可以造访。这意味着美国国家航空航天局（NASA）可以付钱让宇航员在和平号空间站里一次最长居住 6 个月。这恰好为苏联提供了急需的维护经费。然而，美国人的到访在和平号里引发了一些事故，包括一次火灾和一次无人供应飞船差点撞上空间站。

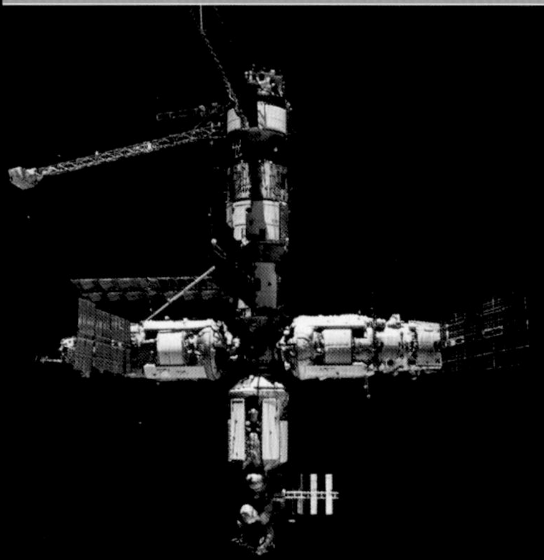

多样的舱室

和平号是第一个由多个不同用途的舱室建造而成的空间站，核心舱是空间站的中心。其中两个舱也有对接点，至少一个联盟号飞船始终与空间站保持对接。

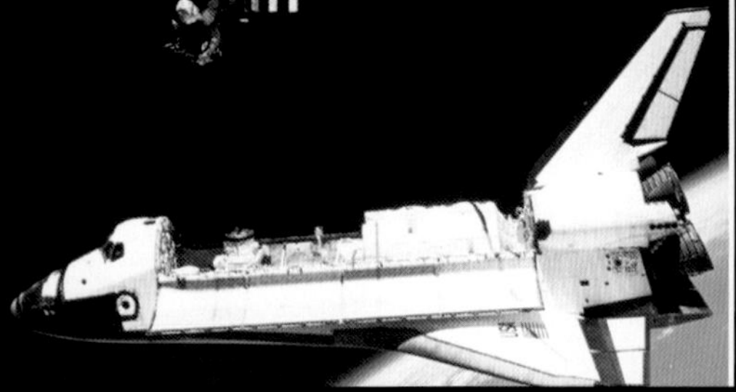

核心舱

和平号的核心舱有居住空间和空间站主控制台。因为和平号的乘客们居住在失重环境中，因此他们在舱中需借助墙壁上的把手移动。通过将腿交叠在椅子下方，他们可以坐在控制面板前。

和平号档案

乘客：3 人
长度：32 米
直径：4.35 米
总重量：117,205 千克
对接口：2
舱室：核心舱、量子 1 号、量子 2 号、晶体号、光谱号、自然号、对接舱号

量子 2 号

量子 2 号于 1989 年接入和平号。量子 2 号有一块试验区域、一些仪器和一个用于太空行走出入的气闸舱。太空行走对于和平号的外部修复工作至关重要。量子 2 号也有一个浴室和尿液回收系统。和平号上进行过一次鹌鹑蛋孵化实验，孵化出的小鹌鹑们在太空中长大了。

太阳能

和平号的太阳能电池板为空间站提供能量，并为电池充电，供空间站在地球阴面时使用。处在黑暗中时，太阳能电池板会调整角度来接受太阳辐射，让和平号一离开地球阴面就可以接收太阳能。

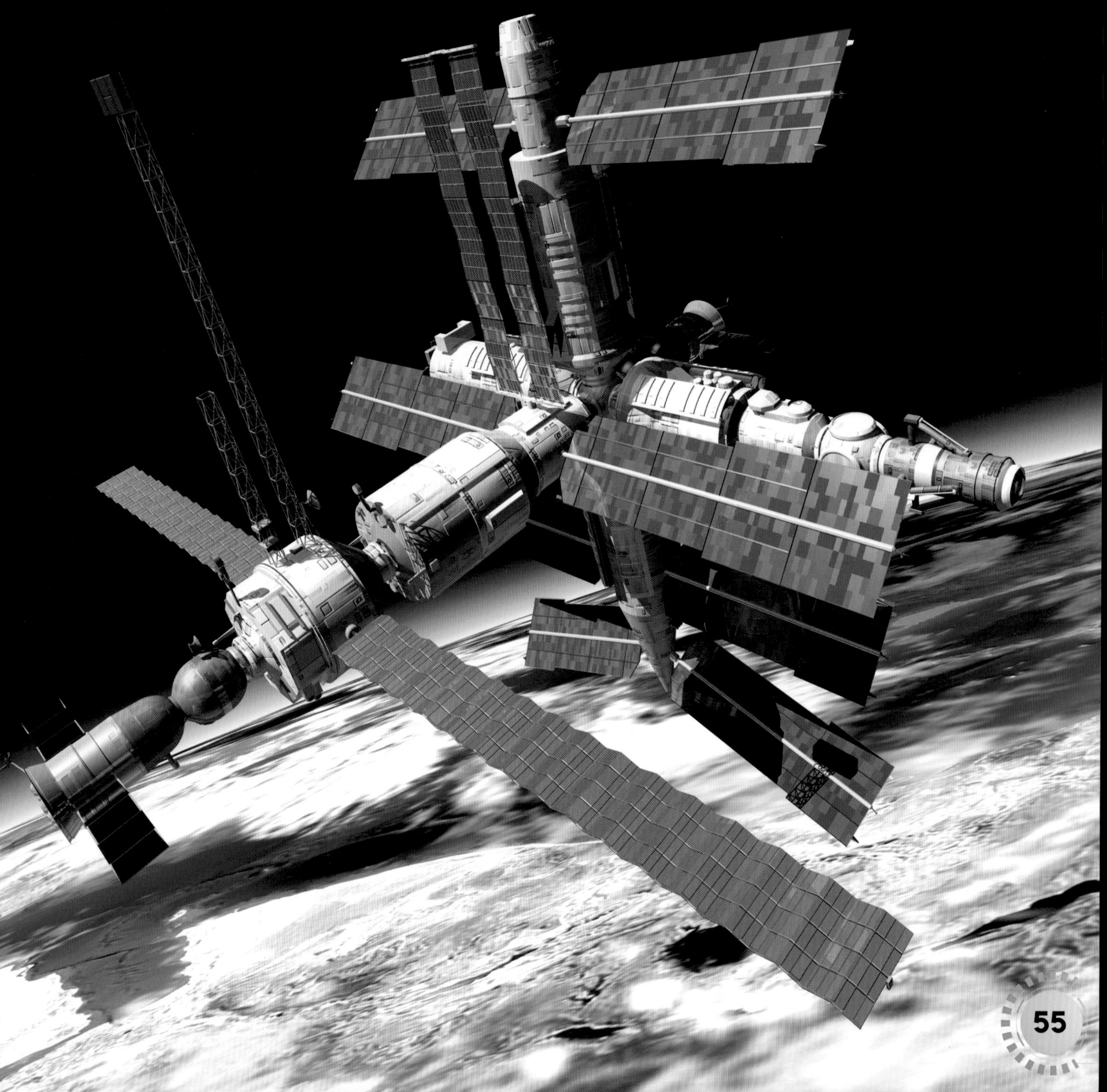

太空中的生活

住在空间站里有点像是和一群陌生人被困在荒岛上的小旅店里。然而，住在太空中与住在地球上是截然不同的。这是因为太空的失重状态让最简单的工作也变得复杂。宇航员需要练习如何在太空中进食、洗漱以及上厕所！

在失重环境中工作

在地球上，人类的各种行为包括坐、走、捡起和放下物品等，这些在太空中都不再能做到，因为失重让一切物体飘浮着。这意味着宇航员需要握住空间站里的把手来行走，需要用绳子把工具系起来，或者把它们放进一个隔间里。这让太空里的工作变得十分困难。

太空中的食物和饮品

空间站里所有的食物都经过了特殊处理，并被装在真空袋或密封容器中。脱水的食物装在特制的塑料容器里，可以通过它附带的吸管向里面加水。食物可以在飞船上的炉子里加热。粉末状饮品被装在塑料瓶里，可以自己加水冲调。

空间站的一些菜谱里有“火星面包与青番茄酱”。

太空中的牙膏管和盖子相连，这样它们就不会飞走了。

太空中的洗漱

空间站里一滴水也不能浪费，洗澡时会用风扇把水吹到洗浴者的身上。宇航员们不是用水清洗，通常是用特制的湿毛巾擦拭身体。这些毛巾带有肥皂，且不需要冲洗。为了清洁牙齿，宇航员们使用免洗牙膏，牙膏可吞食下去或吐在纸巾上。

因为在地球上，由于重力，心血管系统须“分配”大量力来把血液从人体下部泵压上来。在太空中，失重状态下，血液过多流向上身，尤其是脑部，容易造成宇航员眩晕。

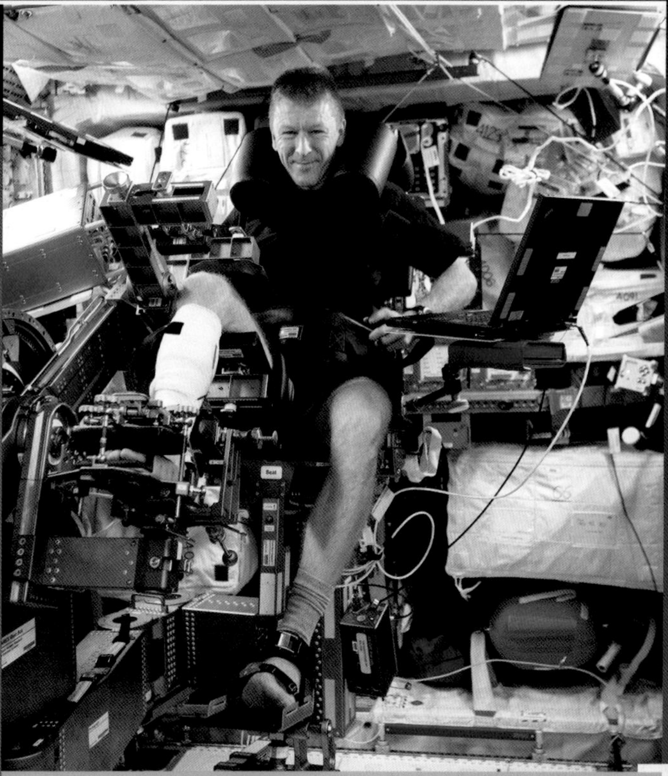

在太空中睡觉

在太空中不存在躺下睡觉这回事。取而代之的是，宇航员们通常会把睡袋固定在墙上，然后爬进去睡觉。一些空间站有冰箱大小的小型卧室，内部的空间足以放下一名乘客的睡袋和个人物品，他可以关上头顶的舱口盖获得个人隐私空间。

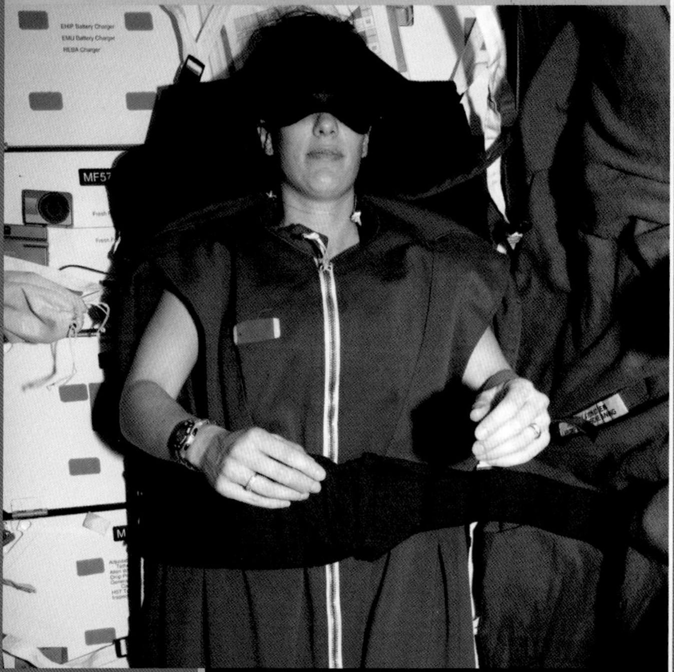

大部分宇航员说眼罩和耳塞对于空间站里的一夜好眠非常重要。

在太空中锻炼

失重的一大负面影响是会让人的肌肉和骨骼变得虚弱。因为在地球上，重力将我们向下拉，这使支撑我们身体的腿和背保持强壮。为了保持肌肉和骨骼健康，宇航员们每天至少需要在跑步机和健身车上运动 2.5 个小时。

在太空中上厕所

太空中的马桶有点像是一个吸尘器。这是因为如果没有强大的吸力，人类的排泄物将会满屋乱飞。宇航员们通过一个长管小便，这个长管与主体部分紧密相连。固体排泄物也会被吸走，但是宇航员们需要非常小心地坐在一个洞口直径只有约 10 厘米的小马桶座上。马桶圈上的相机会帮助他们坐到正确的位置上。在太空行走期间，宇航员们穿着特制的尿布。

人类产生的固体排泄物被装在一个塑料袋里，密封后和其他垃圾一起被带回地球。尿液通常会被回收成为饮用水。

航天飞机

20 世纪 60 和 70 年代，经费是太空探索的大问题。飞船的建造和发射都非常昂贵，并且每艘飞船只能使用一次。1981 年，美国国家航空航天局（NASA）发射了世界上第一艘有翼航天飞机。这个飞机可以像火箭一样发射，又像飞机一样降落。因为可以重复使用，航天飞机成了进入太空更加经济的方式。

三个部分

航天运输系统，或称为航天飞机，由三个部分组成。其中一个部分是类似飞机的能够搭载乘客和货物的轨道飞行器。与它相连接的是两个固体火箭推进器和一个巨大的锈红色的外挂燃料箱。火箭推进器和燃料箱在把轨道飞行器发射到太空后脱落。

航天飞机的灾难

1981 到 2011 年间，5 艘航天飞机成功执行了 135 次任务。但是，有两次悲剧性失败。1986 年，挑战者号航天飞机在发射后爆炸，导致 7 名宇航员全部遇难。2003 年，悲剧再一次发生在哥伦比亚号航天飞机上，它在返回地球的过程中解体坠毁，7 名宇航员也全部遇难。

由于密封圈破损，燃料泄漏引起爆炸，挑战者号航天飞机起飞后仅 73 秒就分崩离析。

载荷舱

航天飞机用来携带大件货物进入太空，也就是“载荷”。载荷包括卫星、望远镜、空间站舱室以及欧洲空间实验室。载荷会被放入航天飞机巨大的载荷舱里，在飞行全程中有两扇铰链门保护。门上覆盖了特殊的温度调节板，在航天飞机到达太空后，门会开启。

航天飞机档案

乘客：最多 7 人

长度：37.2 米

直径：17.2 米

翼展：23.7 米

发射时重量：110,000 千克

发动机：3 个主发动机和 2 个推进器

燃料：液态氢和液态氧

机械臂

航天飞机有一个 15 米长的机械臂，被称为加拿大臂，用来从载荷舱中搬出载荷。加拿大臂有 6 个可以活动的关节，内部完全中空，它在空间站的建设、维护、补给和使用过程中发挥了不可缺少的作用。加拿大臂由宇航员使用操纵杆远程控制。

驾驶舱

航天飞机的驾驶舱和飞机的类似，前面有两个座位供任务指挥和飞行员使用，在他们前面有一个巨大的仪器面板。驾驶舱后面是一个中隔舱，宇航员们在此工作、饮食和睡觉。中隔舱有睡眠站、餐厅、工作站、厨房、厕所和洗漱用的“个人清洁站”。

航天飞机：发射和返回

航天飞机的发射倒计时从起飞前 3 天就开始了。这段时间用来做最后的安全检查，解决所有遗留问题。倒计时进入最后 2.5 个小时，宇航员进入航天飞机，坐上座位。还剩最后 1 分钟时，外部电源被切断，航天飞机做好发射准备。

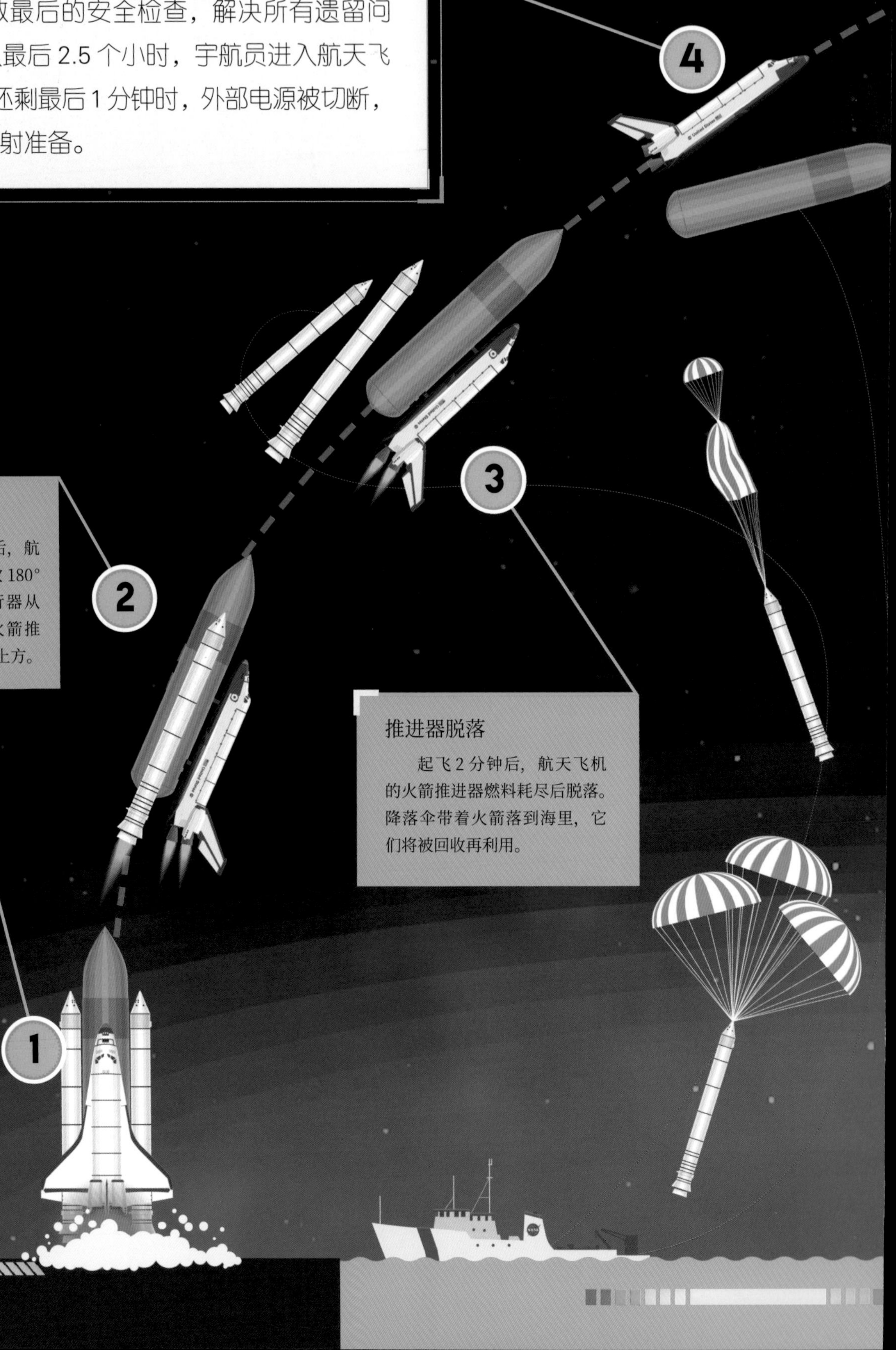

起飞

随着航天飞机的火箭推进器点火，连接航天飞机与发射平台的爆裂螺栓着火。航天飞机从发动机管道中释放出烟和蒸汽，随后起飞。

空中转向

在起飞 20 秒后，航天飞机会进行一次 180° 的旋转。轨道飞行器从上方转到下方，火箭推进器和燃料舱转到上方。

推进器脱落

起飞 2 分钟后，航天飞机的火箭推进器燃料耗尽后脱落。降落伞带着火箭落到海里，它们将被回收再利用。

燃料箱结束使命

起飞 9 分钟后，航天飞机的燃料箱坠落到地球上。这让轨道飞行器再次翻转，之后它将一往无前。

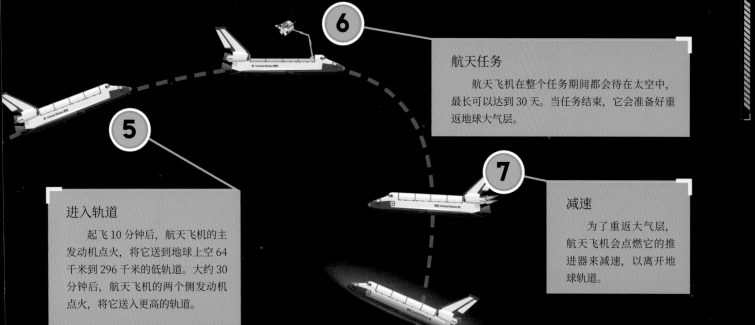

5

进入轨道

起飞 10 分钟后，航天飞机的主发动机点火，将它送到地球上空 64 千米到 296 千米的低轨道。大约 30 分钟后，航天飞机的两个侧发动机点火，将它送入更高的轨道。

6

航天任务

航天飞机在整个任务期间都会待在太空中，最长可以达到 30 天。当任务结束，它会准备好重返地球大气层。

7

减速

为了重返大气层，航天飞机会点燃它的推进器来减速，以离开地球轨道。

8

重返地球

重返地球大气层时，航天飞机的底部因为与大气摩擦生热会发出橙红色光芒。

9

滑翔落地

一旦进入地球大气层，航天飞机会滑翔到站点。现在，它的速度比一般飞机快 20 倍。

10

机头抬升

为了着陆，航天飞机像普通飞机一样放下轮子，机头抬升，在跑道上着陆。

11

快速落地

航天飞机落地时的速度达到 354 千米/小时。为了减速，它在刹车的同时在尾部会释放一个 12 米的减速伞，这能够帮助它完全停下来。

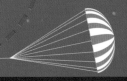

国际空间站（ISS）

许多年来，和平号一直是世界上最大的空间站，但它与国际空间站（ISS）相比还是小巫见大巫。国际空间站是由 5 个不同的航天机构联合建立的、有足球场那么大的永久人造卫星。它在 1998 年被首次发射，今天由两个轨道分段组成，一个来自俄罗斯，一个来自美国，世界各国的宇航员每次可以在里面居住数月。

曙光号功能货舱

国际空间站的两个轨道分段由 16 个舱室组成：5 个来自俄罗斯，8 个来自美国，2 个来自日本，1 个来自欧洲。俄罗斯建造的曙光号货舱为国际空间站的第一个组件，是在 1998 年被发射的。它在国际空间站早期组装时提供电力，并有 3 个连接点。今天，它主要被用于储藏货物。

星辰号服务舱

2000 年发射的星辰舱是国际空间站的居住区，占地大约 50 平方米。这个舱室有一个可以容纳两名乘客的睡眠隔间、一个有冰箱的厨房、一个健身自行车和一个跑步机，还有一个马桶。这个舱室也有氧气循环装置，能够吸收废弃的水分子，并将其分解为氧气和氢气。氧气被用于呼吸，而氢气会被排放到太空中。

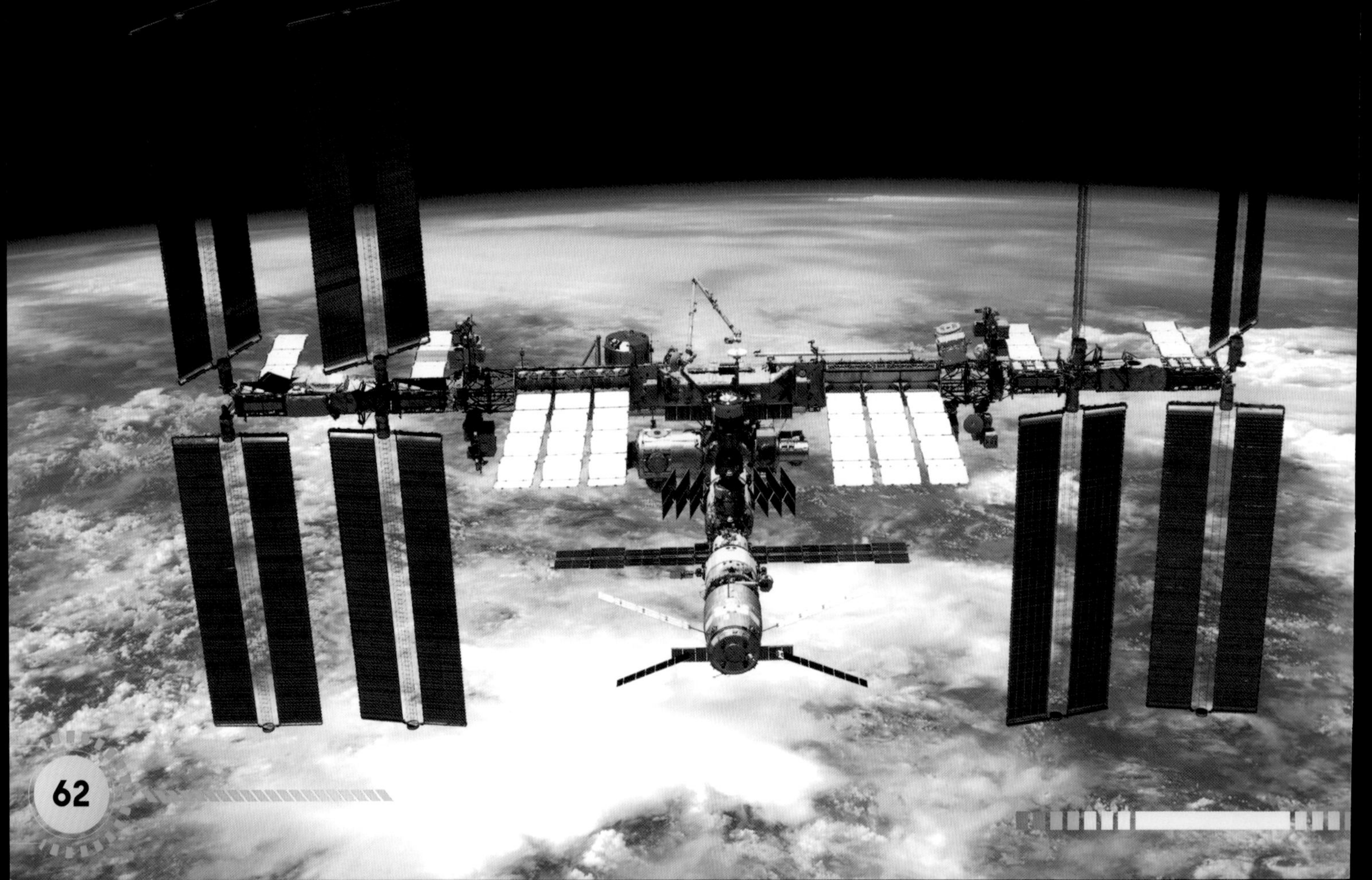

加拿大臂 2 号

加拿大臂 2 号是一个 17 米长的机械臂，用来在太空中组装国际空间站，由加拿大在 2001 年发射。加拿大臂 2 号现在是国际空间站的固定组件，被用来移动设备、卸载货物并进行“太空抓手”工作——抓住从地球过来的无人飞船，这些飞船被用来携带国际空间站所有的供给，包括食物和水。

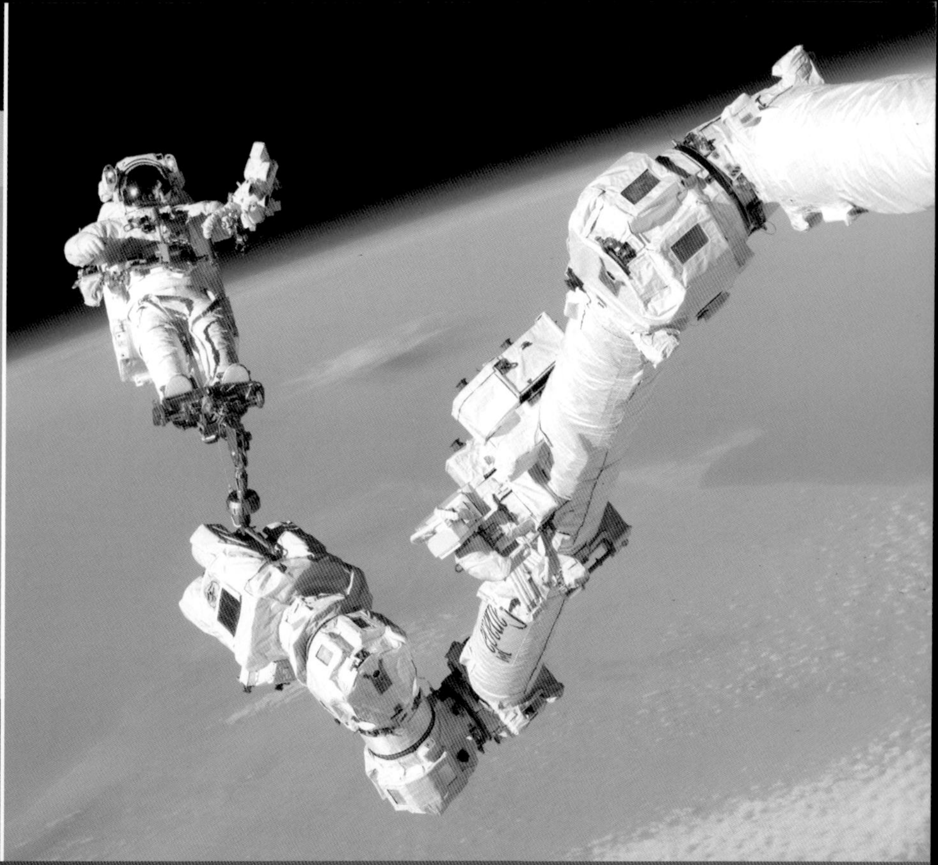

国际空间站档案

乘客：最多 6 人
长度：72.8 米
直径：108.5 米
持续工作时间：19 年（截至 2020 年）
每天绕地球圈数：15 圈

哥伦布实验舱

国际空间站有几个实验舱，其中之一是欧洲航天局的哥伦布实验舱，它于 2008 年搭乘亚特兰蒂斯号航天飞机发射升空。国际空间站进行一些重要的实验，包括研究长期待在太空里对人类身体的影响。其中肌肉和骨骼的退化是太空环境带来的两个负面影响。因此，宇航员们每天要在实验室里运动至少 2.5 个小时来保持身体强壮。

太阳能电池板

为了在地球上空 386 千米飞行时获取电量，国际空间站有一系列太阳能电池板用来将太阳光能转化为电能。这些电池板被安装成空间站的两翼。如果放到一起，这些电池板足有 2,500 平方米，是美国国家橄榄球联盟球场面积的一半。电池板通过角度变化来追踪太阳，争取最大限度地暴露在太阳光之下。

卫星探测

卫星是绕着行星或恒星运转的物体。月球是一颗卫星，因为它绕着地球运转。地球也是卫星，因为它绕着太阳运转。斯普特尼克 1 号是地球的首颗人造卫星，从那时开始，有来自 40 个国家的超过 6,600 颗卫星被发射升空。卫星负责观测地球的环境，支持人类通讯以及观测地球之外的宇宙。

1962 年，电星 1 号成为首颗发射升空的通讯卫星，它被用来接收和再发送电话及电视信号。

通讯

卫星改变了人类在地球上的通讯方式。通讯卫星接收电视、无线电广播、电话和网络的信号并将其传递到地球上的其他地方，这使得我们可以全天 24 小时信息互联。目前地球有大约 2,000 颗通讯卫星。

地球守望者

气象和环境卫星从上方监视着地球上的环境，并发送信息，告诉我们正在发生什么。气象卫星记录一切气象数据，包括云量、大气温度、浪高和风速等。环境卫星提供地球气候变化的重要信息，包括冰原的减少、植被的变化以及湖泊和其他淡水的减少。

极轨卫星绕着地球从北向南旋转，而近地卫星则绕着赤道旋转。然而，许多近地卫星与地球自转速度一致，它们一直“固定”在一个位置，不间断观测一个区域。

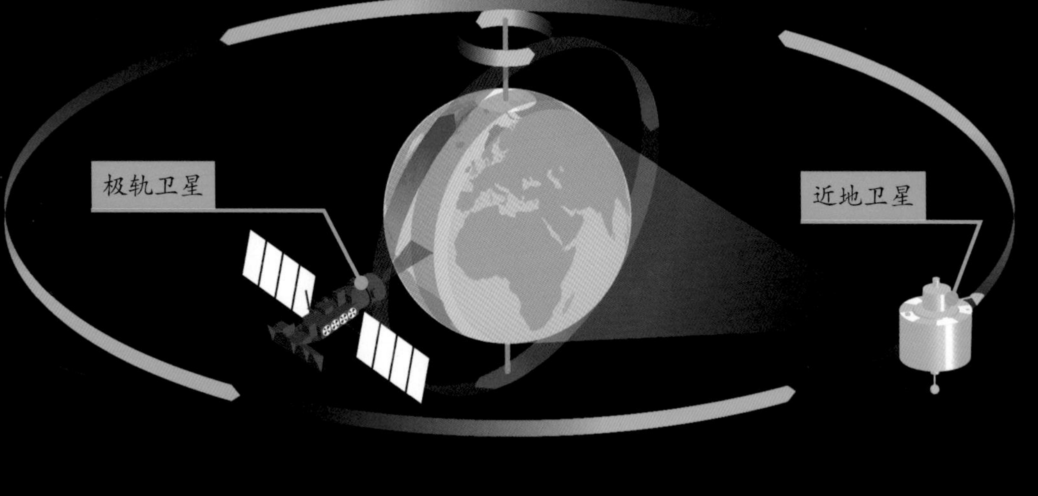

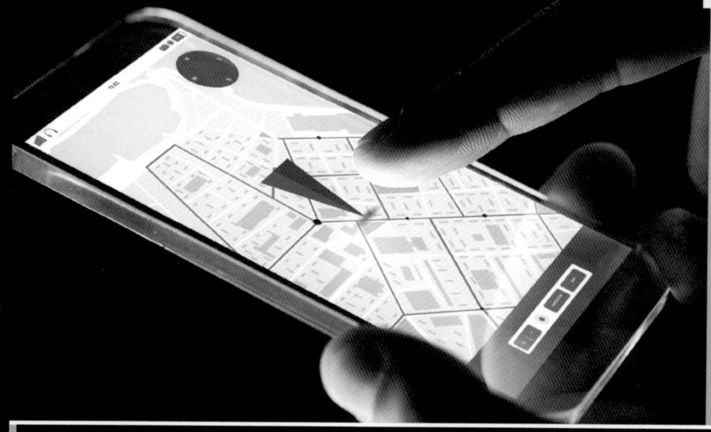

导航

美国海军在 20 世纪 60 年代发射了第一个卫星导航系统。它使用一系列卫星共同收集某人从地球上发出的信号，然后向他发射另一条信号，告诉他此刻身处的准确位置坐标。今天，类似的系统被应用于日常生活中，我们在使用手机时常常会用到这些定位系统。

现在正在使用的全球导航卫星系统（GNSS）有四个，美国的全球定位系统（GPS）是其中之一，许多人通过手机使用这个系统。

像这样的地球俯视图，过去只有军方才能看到，现在，通过互联网大家都可以轻松看到。

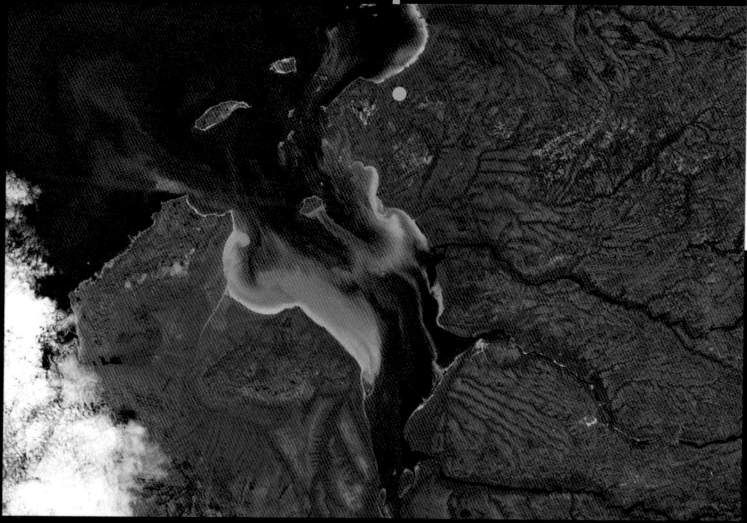

侦察卫星

侦察卫星，或称为“间谍卫星”，是政府用于军事目的的卫星。这些卫星最常做的是拍摄敌方所属区域的照片并记录相关信息。这些信息包括军队移动、飞机和导弹发射或者化学武器的安装。因为侦察卫星涉及顶级机密，所以没有人知道每个政府在我们的头顶放了多少颗来监视地球。

太空垃圾

在所有被发射的卫星里，估计有约 3,600 颗被留在了地球周围的轨道里。其余的要么已经返回地球，要么在返回途中烧尽。然而，这成百上千颗留下来的卫星有很多失效了，这些失效的卫星是地球周围轨道里人造“太空垃圾”的一部分。太空里估计有成千上万的太空垃圾碎片，小到一滴油漆，大到燃尽的多级火箭和废弃卫星。

轨道里的一滴油漆造成的影响与地球上 250 千克的物体以 96 千米 / 小时的速度前进的影响一致，这给那些还在轨道里的物体带来了风险。

5

探索行星

人类的太空探索并没有走很远。载人太空探索只到了我们的卫星月球。然而无人飞行器则去了更远的地方。20 世纪 60 年代以来，人类发射了许多太空探测器，它们探索了太阳系里所有的行星。这些探测器的信息被发送回来，显示这些星球都不适合人类居住。但是，我们希望深空探测器能够找到新的宜居行星，那将可能成为我们未来的家园。

太空探测器

太空探测器是一种巧妙的太空探索工具。它们比载人项目成本低，并且能去那些对人类而言过于危险的地方。然而，一旦探测器离开地球轨道，就几乎无法回收或修复。因此，组成探测器的仪器必须既牢固又可靠，并且自身能够产生能量。探测器到达各个行星，发回关于那些星球的重力、辐射级别以及大气和环境的珍贵信息。

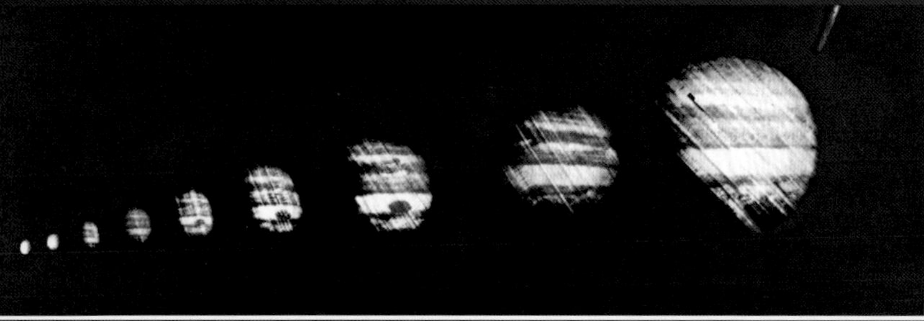

木星探测者先驱者 10 号

首个探索木星并拍摄其照片的是于 1972 年被发射的先驱者 10 号。木星是太阳系里最大的行星，与地球相距 5.8 亿千米。先驱者 10 号耗费了 21 个月才到达木星，探测器必须飞过小行星带才能到达那里。先驱者 10 号飞过木星时，记录了木星辐射带、磁场和大气的数据。先驱者 10 号随后飞到太阳系的外侧区域，它最后一次与地球取得联系时，距离地球 112 亿千米。

木星是气态行星，可以装下 1,300 个地球。

探测水星的水手 10 号

水手 10 号于 1973 年被发射，是首个同时拜访金星和水星的探测器。在到达金星之后，水手 10 号利用金星的重力作用将自己甩到另一个轨道然后飞向水星。到达水星之后，它绕着水星飞了 3 圈，发回了 2,800 张水星表面的照片。2011 年，一个全新的探测器信使号成为 30 多年来首个探访水星的探测器，它用了 4 年时间研究这个行星的地质。

水星是太阳系里最小的行星，也是最靠近太阳的行星。在水手 10 号探测器到达水星之前，没有人见过水星的表面，因为它被太阳的强光遮蔽了。

拜访金星的麦哲伦号

1989 年，麦哲伦号探测器由亚特兰蒂斯号航天飞机发射，到达金星并绘制了其表层地图。它利用巨大的圆盘式天线，将雷达无线电波发射到金星厚重且有毒的大气中，并接收返回的信号。信号显示金星表面有环形山，这意味着有些物体能够穿透它的大气层。

具有雷达绘图功能的麦哲伦号探测器是美国国家航空航天局送到金星的第五个探测器。

去往太空深处的旅行者号

旅行者 1 号和旅行者 2 号被发射于 1977 年，是两个最出名的太空探测器，这是因为它们的旅途持续了超过 40 年。旅行者 1 号比任何人造物体走得都要远。2013 年，它离开太阳系到达星际空间，这是太阳系和其他恒星系之间的未知地带。2017 年底，旅行者 1 号点燃了 37 年没有使用的推进器，让科学家为之震惊，这意味着这个探测器还可以工作 1 到 2 年。

旅行者 1 号和 2 号在离开太阳系之前拍摄了木星、土星和天王星的照片。

卡西尼－惠更斯号探测器

卡西尼－惠更斯号探测器的土星之旅被认为是目前为止最成功的探测任务之一。卡西尼－惠更斯号于 1997 年被发射并在 2004 年开始研究土星，是人类建造的最大、最重、最复杂的无人飞船之一。除了环绕土星飞行，它也发射惠更斯号探测器到土星的卫星土卫六表面。卡西尼－惠更斯号于 2017 年在土星的大气层中被烧毁，它的任务也就此结束。

吊杆

卡西尼－惠更斯号有一根 11 米长的磁力计吊杆（臂）用来记录土星的磁场数据，这能够帮助科学家们了解土星环。土星环由数以亿计的冰块和石块组成，它们可能是彗星或者土星卫星的残骸。土星环可延伸 270,000 千米，但是很薄，只有约 100 米厚。

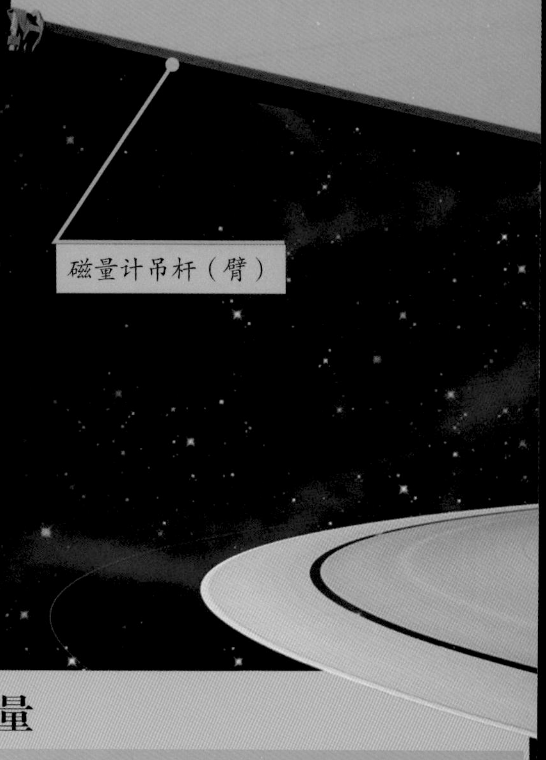

雷达

卡西尼－惠更斯号搭载的雷达被用来在土卫六厚重的大气层和飞船之间传送无线电波，这让它能够绘制出土卫六的表面图，图上包括山脉和峡谷。当绕着土星飞行时，卡西尼－惠更斯号发现了 6 个新的卫星并找到了土卫二上存在水冰的证据。

天线

卡西尼－惠更斯号有一个高增益天线和两个低增益天线用来和地球联络。高增益天线是主要的通讯装置，但也用来进行一些科学实验，并像一把伞一样保护着飞船的仪器。低增益天线是备份，以防出现断电或其他意外状况。卡西尼－惠更斯号的无线电信号需要 68~84 分钟才能传回地球。

能量

卡西尼－惠更斯号有一个主发动机和一个备份发动机。为了给设备提供电量，它有一块 32 千克的钚燃料。钚的放射性衰变能够产生热量，热能随后转化为电能。之所以使用钚燃料，是因为探测器离太阳太远了，无法使用太阳能。

数字解读卡西尼－惠更斯号

78 亿千米 旅途的长度	452,048 张 拍摄的照片	162 次 飞越土星的卫星
250 万条 来自地球的指令	294 次 环绕土星飞行	6 个 新发现的卫星

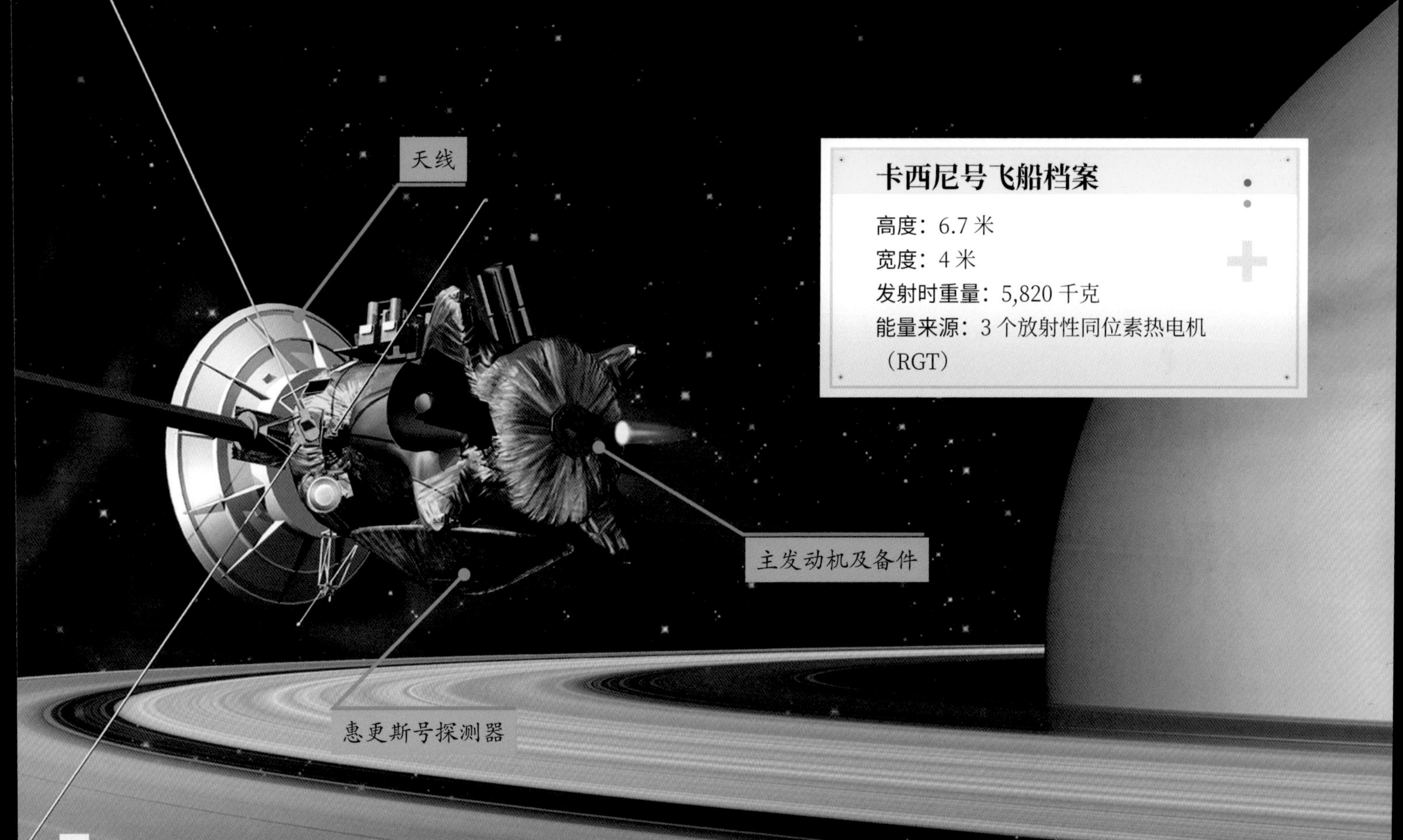

卡西尼号飞船档案

高度：6.7 米
宽度：4 米
发射时重量：5,820 千克
能量来源：3 个放射性同位素热电机（RGT）

惠更斯号探测器

惠更斯号探测器有一个坚硬的外壳，用于在通过土卫六极度高温的大气层时保护内部的仪器。当降落到土卫六表面时，惠更斯号拍摄了超过 1,000 张这个卫星的照片，而它携带的仪器测量了大气并将相关信息传回卡西尼号。惠更斯号可能降落在由甲烷形成的海岸线上，甲烷之于木卫六类似水之于地球，侵蚀着岩石地表。

好奇号的火星任务

好奇号是一个轿车大小的自动探测车，用来研究火星表面。它的目标是研究这个星球是否具备人类生存的条件。2011 年，火星科学实验室（MSL）飞船载着好奇号发射升空，它是人类制造的最长最重的探测车。但是，火星着陆是个复杂的任务。好奇号由于太重而无法使用降落伞，它通过飞船里一个名叫“空中起重机”的系统进行降落。

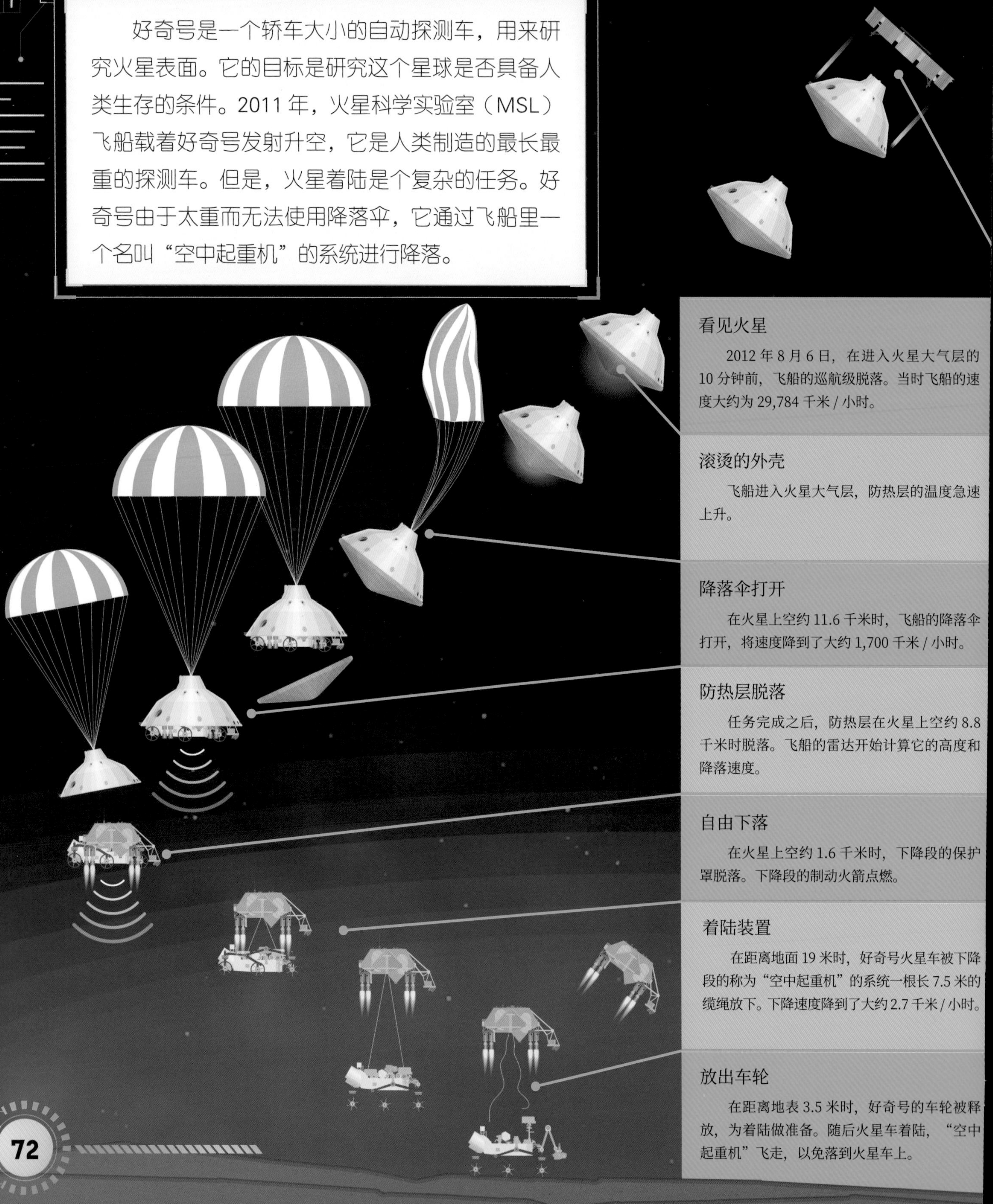

看见火星

2012 年 8 月 6 日，在进入火星大气层的 10 分钟前，飞船的巡航级脱落。当时飞船的速度大约为 29,784 千米 / 小时。

滚烫的外壳

飞船进入火星大气层，防热层的温度急速上升。

降落伞打开

在火星上空约 11.6 千米时，飞船的降落伞打开，将速度降到了大约 1,700 千米 / 小时。

防热层脱落

任务完成之后，防热层在火星上空约 8.8 千米时脱落。飞船的雷达开始计算它的高度和降落速度。

自由下落

在火星上空约 1.6 千米时，下降段的保护罩脱落。下降段的制动火箭点燃。

着陆装置

在距离地面 19 米时，好奇号火星车被下降段的称为“空中起重机”的系统一根长 7.5 米的缆绳放下。下降速度降到了大约 2.7 千米 / 小时。

放出车轮

在距离地表 3.5 米时，好奇号的车轮被释放，为着陆做准备。随后火星车着陆，“空中起重机”飞走，以免落到火星车上。

好奇号

好奇号的大小和汽车相似，与一个成年人差不多高，有一个 2 米长的机械臂，用来采集土壤及岩石样本。它携带了 17 个相机、1 个钻机和 1 个用来气化岩石的激光发射器。它能够分析粉状岩石样本，研究岩石中是否有微生物，有微生物则表明有水。振奋人心的是，它证实了火星上的确有水。

好奇号火星车档案

长度：3 米
宽度：2.8 米
高度：2.1 米
重量：899 千克

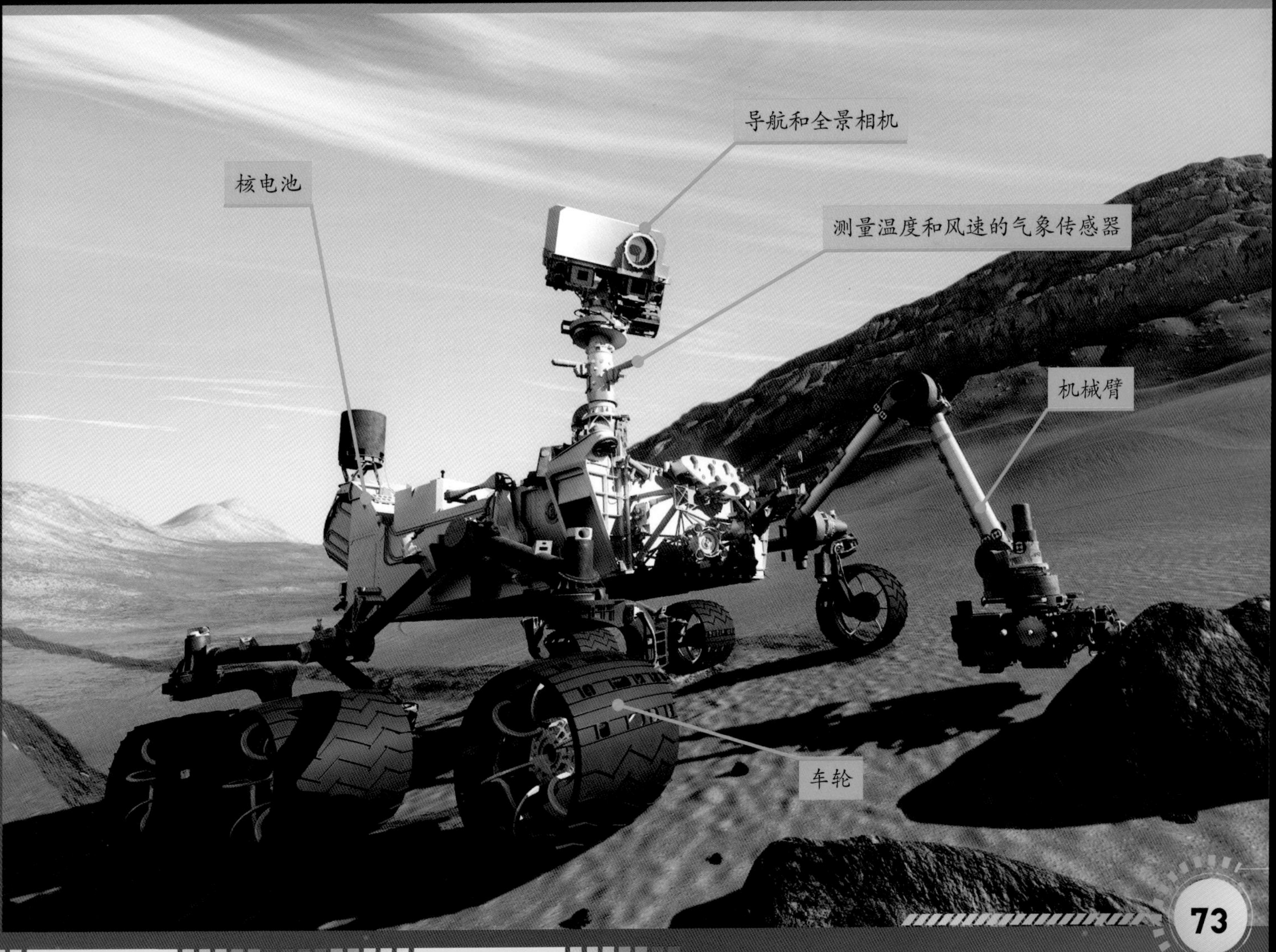

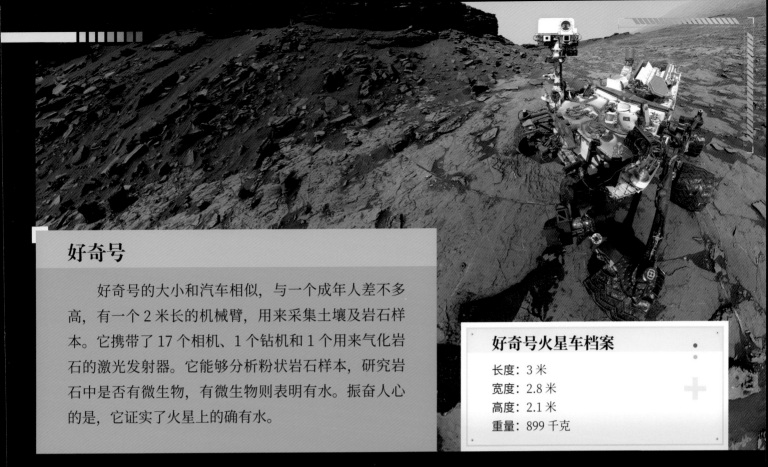

彗星的研究

彗星是一大块由冰和石头构成的混合物，其中可能隐藏着宇宙诞生的秘密。然而，大部分彗星存在于太阳系以外遥远的地方，很少经过地球。在太空竞赛之前，望远镜是研究彗星的唯一工具。但是，从 20 世纪 80 年代开始，无人探测器开始被发射到太空，它们从彗星附近飞过并收集相关数据。随后，在 2004 年，罗塞塔号彗星探测器被发射，它被用于将一个着陆器释放到彗星上。

彗星和小行星

45 亿年前，太阳系形成时产生了巨大的气体和尘埃云，彗星和小行星就是这个过程的遗留物。小行星是岩石碎片，大小从直径几米到几千米不等，许多存在于火星和木星之间的小行星带中。彗星飞向太阳时会形成彗尾，这是因为它们的冰开始融化蒸发，在身后留下气体和尘埃。

尽管大部分彗星的宽度都小于 48 千米，但它们的尾巴可以延伸上百万千米。

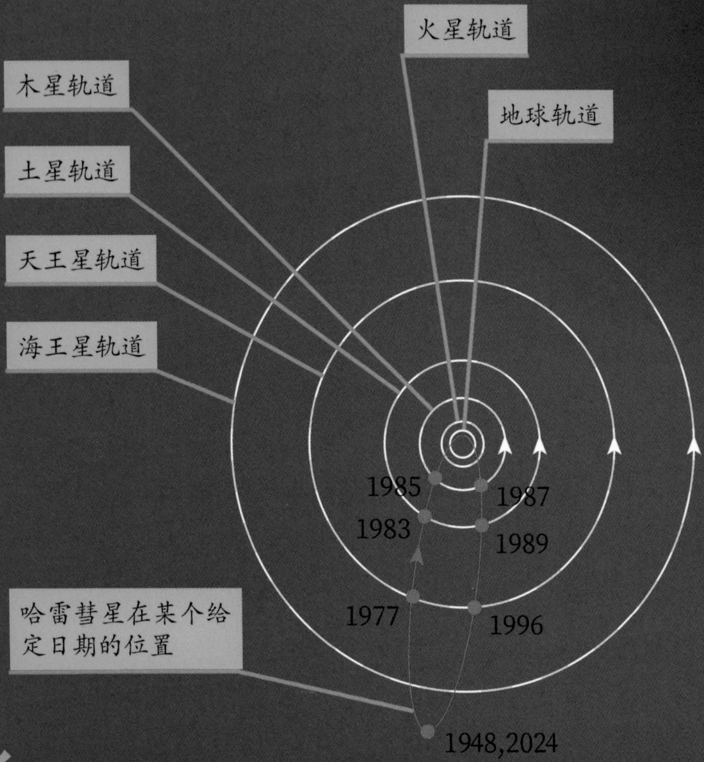

哈雷彗星

哈雷彗星每 75 年拜访地球一次。这是因为同其他彗星一样，哈雷彗星绕太阳飞行的轨道是个椭圆。科学家们认为彗星或许保存了宇宙形成初期的一些物质。为了研究这些物质，在 1986 年哈雷彗星到访时，科学家们发射了乔托号探测器，让它从哈雷彗星附近掠过并拍摄了它的照片。

就像地球，小行星通常也在圆形轨道上绕太阳公转，但是彗星的轨道通常是椭圆形的。

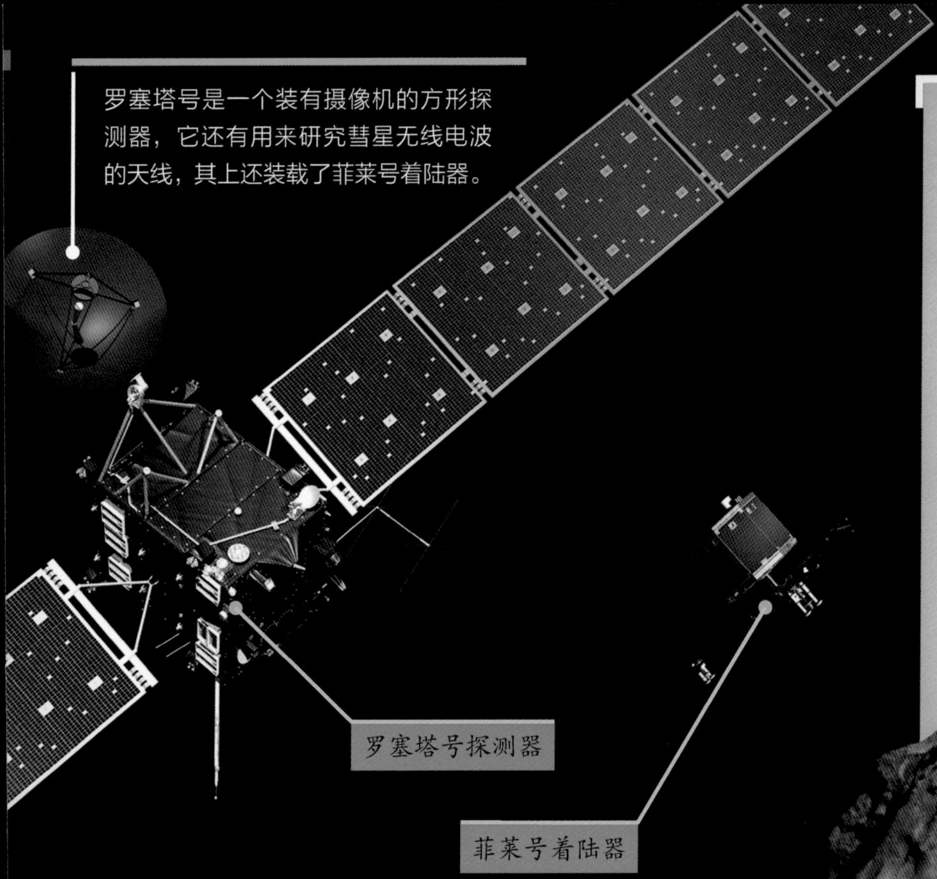

罗塞塔号是一个装有摄像机的方形探测器，它还有用来研究彗星无线电波的天线，其上还装载了菲莱号着陆器。

罗塞塔号飞船

2004 年，欧洲宇航局（ESA）发射了用来研究 67P/ 丘留莫夫－格拉西缅科彗星的罗塞塔号探测器。经过 10 年的长途旅行，罗塞塔号到达这颗彗星，并进入其轨道运行了 17 个月。在拍摄照片后，该探测器发射了菲莱号着陆器，来探索彗星并研究岩石样本。这是首次有飞船降落到彗星。

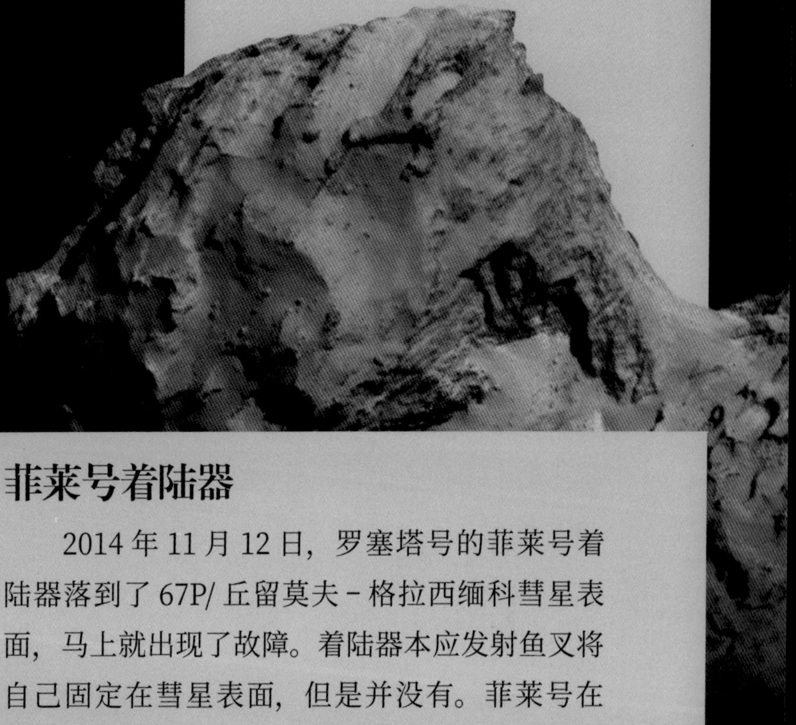

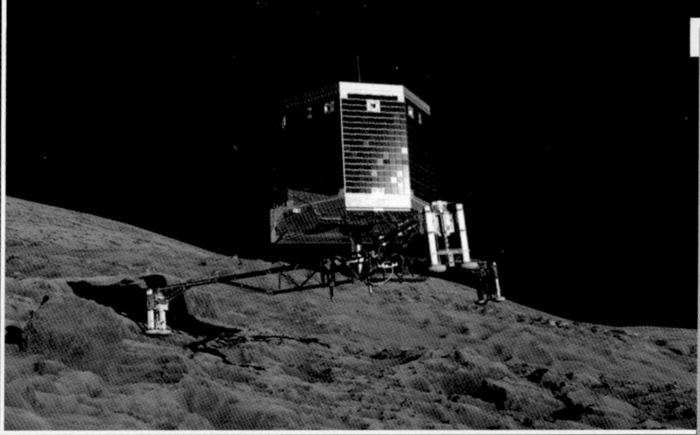

菲莱号是一个小型箱式着陆器，大约 1 米宽。

尽管身处黑暗，菲莱号的太阳能电池板还是在 2015 年时复活了两次，并向罗塞塔号传回了信息。

菲莱号着陆器

2014 年 11 月 12 日，罗塞塔号的菲莱号着陆器落到了 67P/ 丘留莫夫－格拉西缅科彗星表面，马上就出现了故障。着陆器本应发射鱼叉将自己固定在彗星表面，但是并没有。菲莱号在彗星表面弹了几下后，侧翻到了一个悬崖的阴影处。这意味着着陆器的太阳能电池板无法接收阳光，两天后它的电池电量耗尽了。

再见，菲莱号

失去菲莱号之后，罗塞塔号探测器继续绕着 67P/ 丘留莫夫－格拉西缅科彗星运转。2016 年，科学家们决定结束任务，并让罗塞塔号在这颗彗星上迫降。然而，在任务结束前不到 1 个月，罗塞塔号拍摄了一张令人惊喜的照片，照片上有菲莱号。菲莱号落到了一个黑暗的裂谷里，阳光无法触及。菲莱号的发现帮助科学家们理解它在彗星上运行的那两天里传回的信息。

哈勃空间望远镜

几个世纪以来，人类一直利用望远镜研究太空。然而，地球大气层内的光污染限制了地面上望远镜的观察。解决问题的办法是把望远镜放到太空。1990 年，公交车大小的哈勃望远镜被发现者号航天飞机发射到了地球轨道，从那时开始，哈勃望远镜传回的宇宙图片让人们看到了更广阔的宇宙。

哈勃空间望远镜档案

长度：13.2 米
直径：12 米（含太阳能电池板）
重量：11,000 千克
轨道：地球上空 571 千米

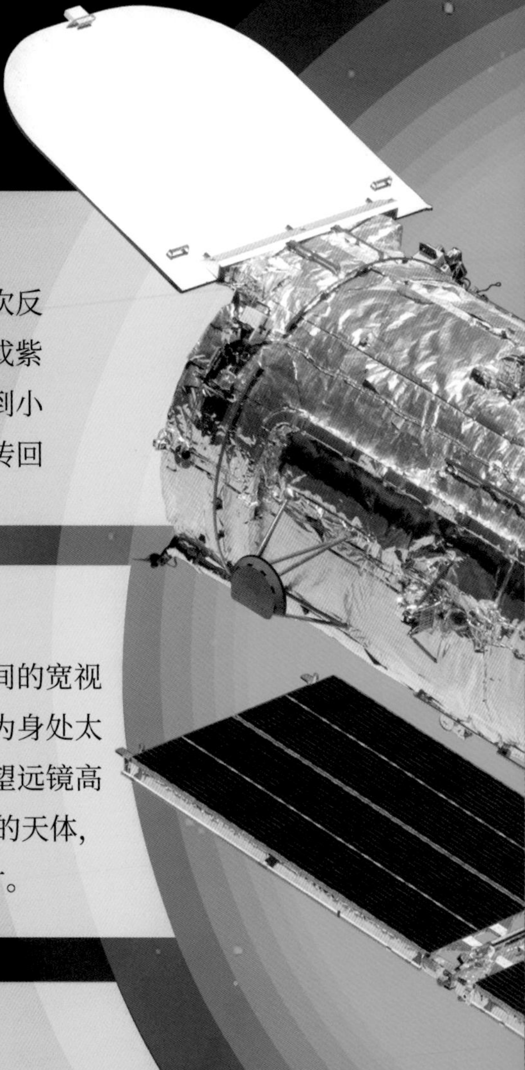

反射镜

哈勃望远镜配有一个口径为 2.4 米的主反射镜、一个小一些的次反射镜以及一些科学器材，科学家可以使用这些器材通过红外、可见或紫外光波段研究宇宙。这些光源被哈勃望远镜的主反射镜收集，反射到小一些的次反射镜里，然后传输到科学器材中进行分析。信息随后被传回地球。

精巧的相机

相机是哈勃望远镜最重要的仪器。相机能够拍摄一大片空间的宽视场图片，也能拍摄某单个天体（如行星）的高分辨率图片。因为身处太空，哈勃望远镜的相机所拍摄的照片的分辨率能够比地球上的望远镜高 10 倍。相比地球上的望远镜，哈勃望远镜还能够探测到暗 50 倍的天体，这让我们看到了许多以前从未见过的宇宙中某些区域的清晰图片。

数据回传

使用高增益天线，哈勃望远镜每周记录并传回 120GB 的宇宙信息，这些信息对天文学家非常重要。“深空影像”是哈勃望远镜拍摄的照片之一，它可以显示大约 1,500 个星系。天文学家们通过这张照片，可以更好地理解宇宙的演化方式以及它的膨胀速度。

太空修复

在成功发射哈勃望远镜之后，它遇到了一个大问题。尽管望远镜的建造耗费了超过 14 亿美元，但它无法拍摄清晰的图片。后来人们发现是因为望远镜的主反射镜没有正确放置，偏移了大约 1.3 毫米。1993 年，宇航员们通过航天飞机前往哈勃望远镜解决了这一问题。后来又进行了 5 次维护任务，才确保望远镜能够传回清晰图片。

哈勃望远镜之所以能够拍摄遥远的行星和星系的照片，是因为它可以接收到它们的紫外光，这些紫外光无法穿透地球的大气层也就无法到达地面上的望远镜。因此，哈勃望远镜能够拍到新的恒星及其周围的光晕，这些恒星有可能会发展成类似太阳系的恒星系统。

6

展望未来

20 世纪 50 年代，人类首次实现太空探索的梦想。科学家谢尔盖·科罗廖夫和沃纳·冯·布劳恩把代表恐怖和毁灭的火箭技术发展成为能将人类和设备送入太空的一种方式。今天，我们有太空旅游、月球基地及寻找宜居星球的星际太空船等计划。距离宇航员首次踏足月球已经过去了 50 多年，移居遥远星球成了现代人类的梦想。也许过不了多久，去其他星球旅行就能像火箭载人去地球之上的空间站那么频繁。

NIAC
USC
NASA

商业航天飞机

太空竞赛期间，只有政府才有财力和方法将人类送入太空。首批太空旅行者是俄罗斯和美国的顶级战斗机飞行员，他们经历了数月的训练，才正式成为宇航员。然而，现在只要支付一定的费用，普通人就可以体验太空失重环境、地球轨道旅行，甚至登上月球。专家称商业航天飞机和空间旅行将很快进入日常生活。

百万富翁丹尼斯·蒂托因成为首个付费的太空旅行者而出名。据报道，这趟旅行花费了2,000万美元。

首位太空旅客

2001年，美国商人丹尼斯·蒂托在支付旅费后，成为首位太空旅客，他在国际空间站住了7天。尽管美国国家航空航天局最初反对这一想法，但是后来他们看到了人们通过付费进入太空旅游的好处。在2011年取消航天飞机项目之后，美国国家航空航天局现在付钱给俄罗斯，让其发射联盟号飞船将宇航员送上国际空间站。通过与商业航天公司合作，美国国家航空航天局希望降低将宇航员送入太空的成本，并为美国自己的太空项目集资。

“龙2”飞船有足够的空间运送7名宇航员，并将通过太空探索技术公司的猎鹰号重型火箭发射。

太空探索技术公司

2010年，美国太空探索技术公司(SpaceX)通过它的“无人龙”飞船向国际空间站运送物资，这是首次由公司而非政府完成的发射任务。现在，太空探索技术公司与美国国家航空航天局达成协议，将通过它全新的“龙2”飞船将宇航员送到国际空间站。“龙2”飞船的“船票”大约5,800万美元，比俄罗斯联盟号飞船的8,100万美元要便宜得多。太空探索技术公司表示，计划在未来开展付费环月球旅行项目。

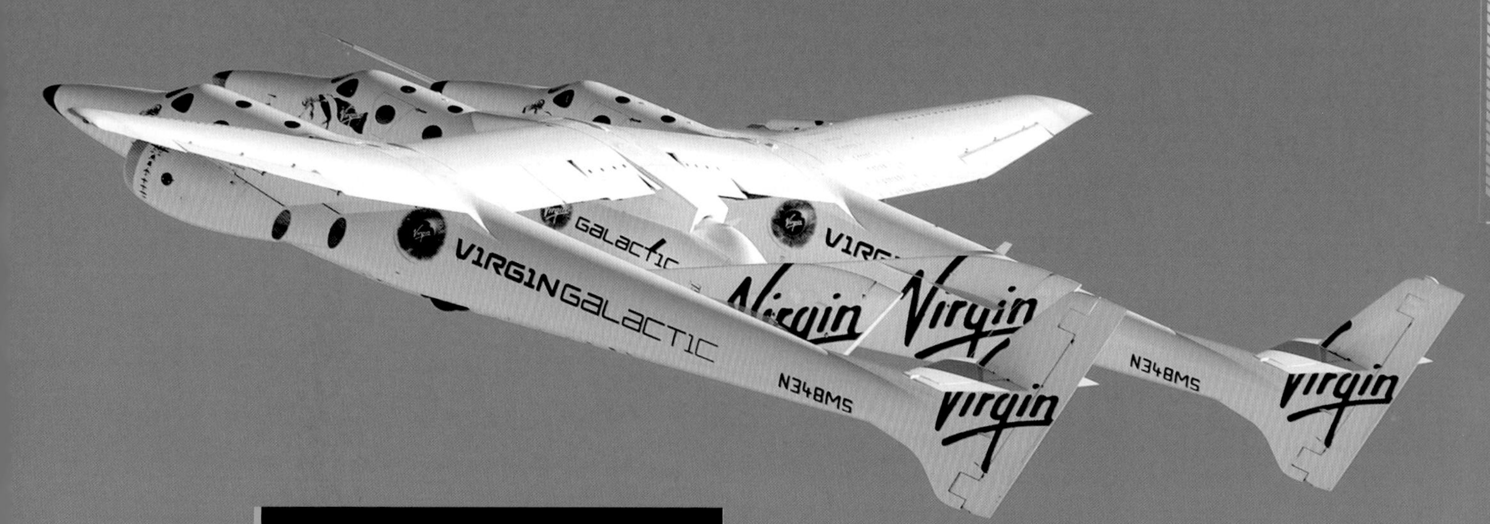

太空船 2 号于 2009 年开始生产，但是在 2014 年发生了一起重大飞行事故，一艘试验飞船在莫哈韦沙漠坠毁。

太空船 2 号

英国维珍集团 (Virgin Group) 多年来一直在售卖它的亚轨道飞船太空船 2 号的船票。这艘太空船设计搭载 6 位旅客进行 180 分钟的飞行，其中有几分钟会进入亚轨道空间。这意味着飞船会离开地球大气层，但是不会离开地球轨道。太空船 2 号以 25 万美元的价格售出了 600 多张票，原计划在 2019 年发射它的首架载人飞船。

蓝色起源

蓝色起源（Blue Origin）是一家美国公司，它关注商用航天领域。它的新谢帕德号是可回收型运输工具，由火箭和乘客舱组成，能够垂直起飞、降落。新谢帕德号用来搭载旅客进行亚轨道飞行，这意味着飞船将会被发射到 100 千米的高空，然后减速下降并最终在地球着陆。每次飞行大约持续 10 分钟。

新谢帕德号能为支付高昂费用的旅客带来几分钟的太空体验。

探索太阳

太阳是太阳系里最大最重要的天体。地球和其他 7 颗行星都围着太阳公转。没有太阳的光和热，地球上几乎所有的生命都会死亡。因此，研究太阳始终是科学家们的首要任务。2018 年，美国国家航空航天局发射了帕克号太阳探测器，研究太阳的能量是如何传出来的。为了实现这个目标，这个探测器会比之前任何飞船都更加接近太阳。

太阳风

太阳持续释放出能量粒子，并以太阳风的形式吹到整个太阳系。地球磁场使我们不受太阳风的影响。我们很幸运，因为太阳风的速度达到了不可思议的 160 万千米 / 小时。这些粒子的速度太快，以至于太阳的引力都无法将其吸住。然而，没有人知道是什么让太阳风有这么快的速度，而太阳探测器的任务就是找到问题的答案。

太阳风的能量粒子经过地球，
去到了太阳系更远的地方。

“太热了”

帕克号太阳探测器会飞到距离太阳表面 620 万千米的地方。这听起来很远，但比之前飞得最近的飞行器都要近 8 倍。在这么远的距离，探测器仍需要一个约 11.4 厘米厚的碳隔热层来保护它不受周围 1,370℃高温的伤害。太阳的外层叫作日冕，是太阳最热的部分。日冕的温度范围为 100℃ ~10,000,000℃。科学家们希望探测器能够揭秘为什么日冕比日核的温度还高，这看起来与物理定律不符。

日冕有时会出现太阳耀斑，这是能量的突然
释放，就像是强烈的闪光。

空间气象

太阳是个巨大的燃烧着气体的球，为地球上的生命提供光和热。然而，它的太阳风会影响地球的磁场并干扰卫星，这被称为空间气象。科学家们对空间气象了解得越多，就越能够知道如何保护现在我们人类生活所依赖的人造卫星。空间气象也主导着太阳系外的环境。理解了空间气象，将有助于人类进行长途太空旅行。

太阳是太阳系内最大的天体。如果它是空心的，那么它能够装下 100 多万个地球。但是我们的太阳实际上是个相对较小的恒星，邻近的恒星参宿四比太阳大 700 倍，亮 14,000 倍。

探测器

帕克号探测器在完成 7 次金星飞越之后，将用 7 年时间前往太阳。每次靠近金星，它的轨道将收缩一些，这意味着它将越来越靠近太阳。帕克号探测器将总共绕太阳运行 24 周。在最近点，帕克号太阳探测器的仪器将会收集太阳风的信息。这时，探测器的速度将达到约 116,500 千米 / 小时。

帕克号太阳探测器档案

高度：3 米
直径：2.3 米
太阳能电池板：1.55 平方米
发射时重量：685 千克
火箭：德尔塔四型重型火箭

月球基地

1972 年的阿波罗 17 号任务是人类最后一次去月球，宇航员们在重返地球之前花了 3 天时间进行试验。从此之后，20 世纪 60 年代太空竞赛的“大奖”被束之高阁。然而今天，人类已经准备好重返月球。几个国家的政府都计划发射新型机器人漫游车探索月球表面，以及建造一个停留在月球轨道的空间站和一个永久使用的月球村。

月球村

月球村是一项由欧洲宇航局提出的月球基地设计。它将利用 3D 打印机和月球土壤建几个小圆顶屋。月球土壤盖住圆顶屋，保护它不受太阳辐射的影响。村子将建在月球的南极，这里终年有阳光。阳光能够为村子的太阳能电池板充电，并维持月球温室里植物的生长。科学家们发现，胡萝卜和番茄能在类似于月球环境的土壤里生长。

月球村像一个国际月球实验室，那里的技术团队能够测试人类是否能永久居住在月球上。

生命之源

没有水人类就无法在另一个星球生存，这也是为什么 2009 年印度的月船 1 号探测器在月球表面发现水分子后整个航天机构都非常激动的原因。人类也在月球火山爆发后产生的小玻璃珠里发现了水。许多人相信，月球表层以下有大量固态水资源，还有更多则储存在月球的陨石坑里。如果将这些水收集起来，可以制成饮用水或用来浇灌植物，这些水也可以被分解成两种物质：氢气和氧气——它们能用来呼吸或者用作火箭的燃料。

月船 1 号探测器的红外图像显示月球表面有少量的水。

月球车

太空竞赛期间，只有美国有能力到达月球。但是今天，其他国家也开展了对月球的探索。印度的月船 2 号是一个月球车，将探索月球的南极；中国的嫦娥 4 号月球车是首个到达月球背面的月球车。未来的月球探索任务不仅有科学研究，许多私人公司也对月球资源的开采感兴趣，其中包括水冰、钛、铂、金、铁以及能够为核反应堆提供能量的氦 -3。

各国政府和公司都迫切地想找到并开采月球上的矿物质和金属。

月球之外

俄罗斯、中国、日本和欧洲的航天局都计划在未来的几十年里把宇航员送上月球。然而，美国则声称想走得更远。美国国家航空航天局计划在月球上放一个无线电望远镜和一个在固定轨道上运行的空间站。空间站就像是通往另一个难度更高的目标的中转站。下一个目标——火星。

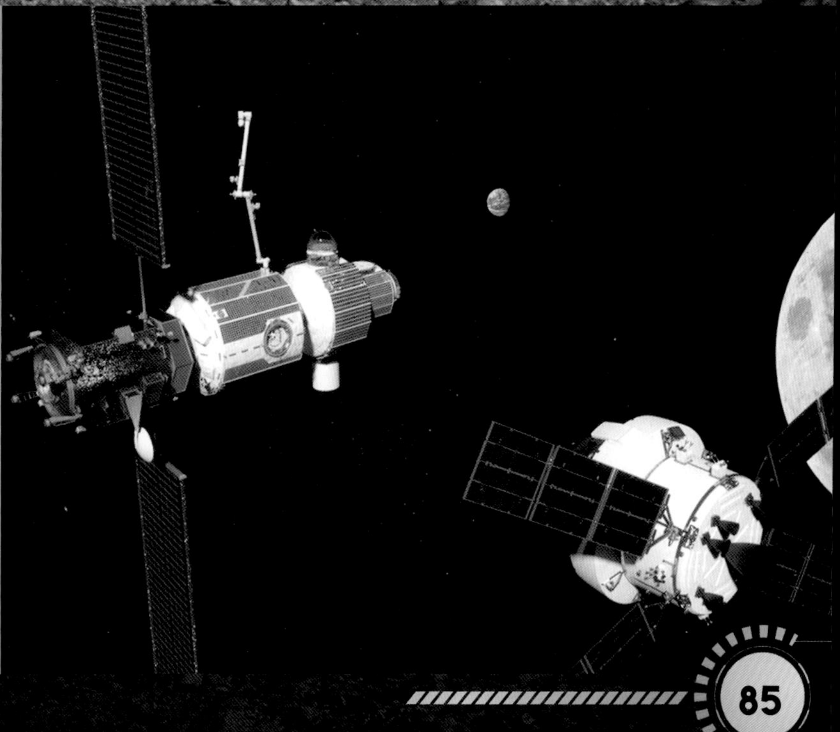

天体物理学家可以借助月球无线电望远镜研究宇宙中最先出现的那些恒星是如何形成的。

奔向火星

载人火星任务是几个国家太空项目的长期目标。一个类似的任务是让宇航员搭乘美国国家航空航天局的猎户座飞船到达这颗红色的行星。他们计划使用最新开发的巨型火箭，即太空发射系统（SLS），将猎户座飞船发射升空。猎户座飞船能搭载 4 名宇航员。猎户座任务不太可能在 2030 年前执行，到那时，其他国家或许已经在太空项目中战胜了美国。冲向火星的竞赛将成为 21 世纪的太空竞赛！

服务舱舱体的外壳必须能够承受太空中高速运动的微流星体的撞击。

每个服务舱的太阳能电池板都能产生 11.2 千瓦的电能，这些能量足以支持两座中等规模的房子所用。

火星之旅的时间

火星之旅需要花费的时间一方面取决于路线，另一方面取决于使用飞船的大小和类型。现在普遍认为从地球到火星的旅途最短需要 9 个月。宇航员离开地球的时间最少为 18 个月，最多为 3 年，这取决于他们在火星上待多久。

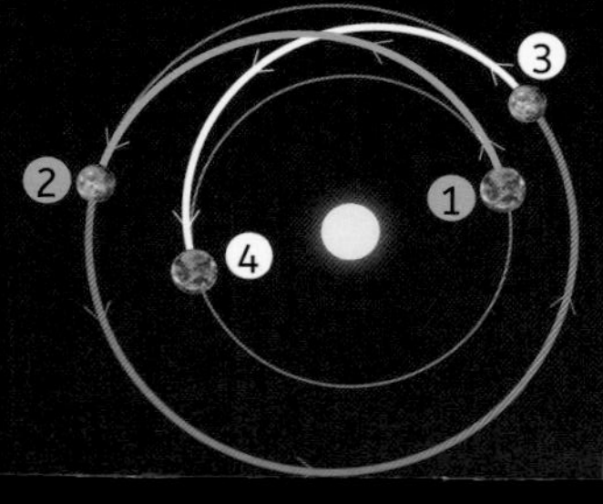

1 离开地球
2 到达火星
3 离开火星
4 到达地球

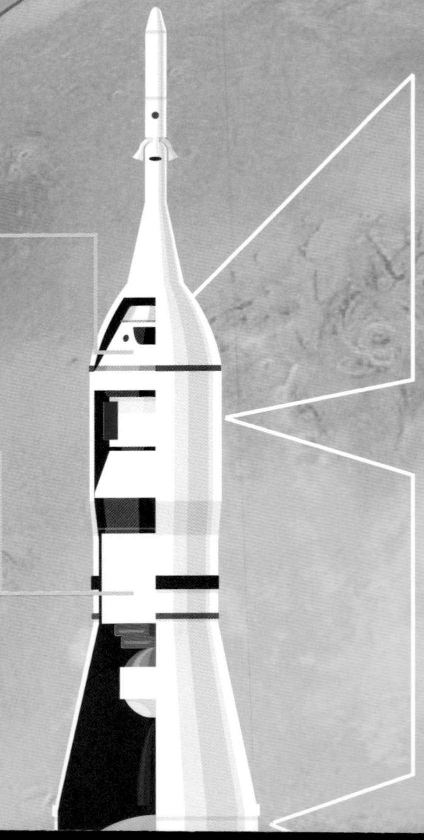

猎户座飞船（宇航员）

上面级（液体燃料）

乘员舱

乘员舱会把 4 名宇航员带到火星表面再带回地球。它可以重复利用，有点像是更旧更小的阿波罗号船舱。它能够承受穿过行星外围的大气层到达其表面时产生的热量。

服务舱

服务舱的圆柱形舱体由铝锂合金制成， 4 个太阳能电池板能够像翅膀一样展开，将太阳能转化为电能。在太空中，它能持续 21 天为 4 名宇航员供应电力、氧气和其他生命支持系统。

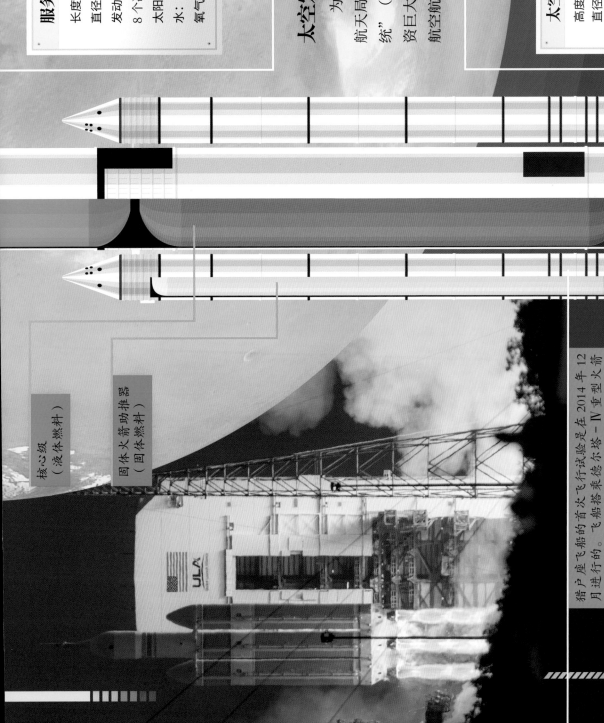

猎户座飞船的首次飞行试验是在 2014 年 12 月进行的。飞船搭乘德尔塔－Ⅳ重型火箭进入轨道，安全返回后降落在太平洋。

服务舱档案

长度：4 米

直径：5 米

发动机：1 个主要的航天飞机 OMS 火箭发动机、8 个次级推进器和 24 个小型机动推进器

太阳能电池板：4 块，每块长 7 米

水：4 个水箱共 240 升水

氧气：3 箱共 90 千克压缩氧气

太空发射系统

为了将猎户座发射入太空，美国国家航空航天局研发出目前最强大的火箭“太空发射系统”（SLS）。它比自由女神像还要高。这个耗资巨大的巨型火箭产生的推力比执行美国国家航空航天局登月任务的土星 5 号还要强。

太空发射系统档案

高度：98 米

直径：8.4 米

级数：2

有效载荷：130 吨

发动机：5 个液体燃料主发动机和 2 个可拆卸固体燃料推进器

火星生活

几十年来，科学家们一直梦想着在火星上建造一个人类基地。太阳系所有的行星里，火星与地球最像：有极地冰盖，有大气层，甚至还有季节。然而，它仍然是一个环境对人类不利的星球。火星的表面像荒漠一般灰尘遍布，薄薄的大气层主要成分是二氧化碳，表面温度会降到零下 100℃。尽管这样，2020 年几个计划中的火星任务都有着共同的目标——探测人类居住火星的可能性。

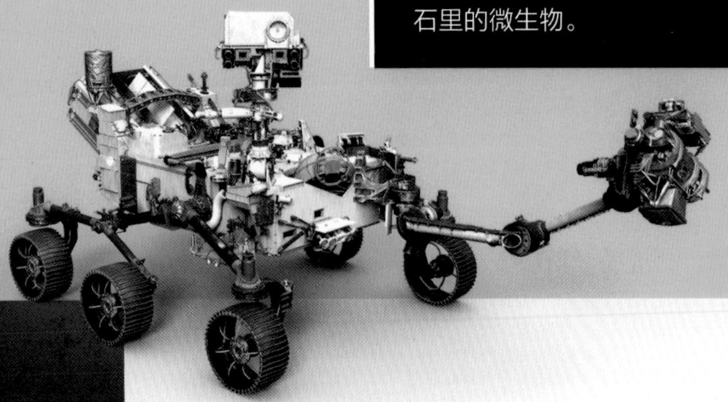

2020 火星车将配备一个特制的钻机来寻找火星岩石里的微生物。

美国国家航空航天局的火星车

2020 火星车任务是美国国家航空航天局探索这颗红色星球的长期研究之一。火星车的任务是测试第一次载人任务中会用到的技术，其中包括一台利用火星的二氧化碳大气制造氧气的机器。火星车也将寻找人类首次拜访时可能会开采的资源，例如水。

欧洲与俄罗斯的火星车

非载人火星生命探测计划（ExoMars）是欧洲和俄罗斯的联合项目，计划在 2020 年发射火星车。火星车将会降落在一片科学家们认为可能有生命迹象的地方。希望通过挖掘到地下 2 米的深处，找到火星上曾经存在过植物或者简单动物的证据。这会证明火星上可能有生命存在。

火星生命探测计划原定计划于 2020 年 8 月发射火星车。这时火星和地球之间的距离最近，相距 5,450 万千米。

希望号火星任务

希望号是由阿联酋提出的，计划于 2020 年向火星发射的一个汽车大小的探测器。发射后，这个探测器将耗时 200 天左右到达火星，然后绕火星运行 2 年。在此期间，它将研究火星大气中是否有水和氧气存在，并将结果发回地球。

希望号火星任务将研究在火星土壤里种植椰枣和莴苣的可能性。

这个雄心勃勃的着陆计划将首次在火星上实施。

中国的火星项目

中国在 2020 年也有火星项目。这个项目由一个将绕火星运行的探测器和一个落到火星表面的着陆器组成。为了安全着陆，将会使用降落伞、一个气囊和一个反推力发动机。一旦降落，一辆有 6 个轮子的火星车将离开着陆器并开始探索火星，它将使用一种地面穿透雷达对火星地表之下的物质一探究竟。预计火星车电池的电量会在 3 个月后耗尽，任务重点将被放在探测器在轨道上的发现。

火星蜜蜂

为了在空中研究火星，美国国家航空航天局正在研究制造一群被称为“火星蜜蜂”的小型飞行机器人。每个机器人将会是大黄蜂大小，装有传感器和无线通讯系统。机器人能够在火星上飞来飞去，记录信息并将信息反馈给火星车，那里是它们的充电点。

“火星蜜蜂”能够成群工作，记录数据并绘制火星地图。

太阳系之外

在太空探索的短暂历史中，人类做出了许许多多惊人的突破。但是，我们并没有走很远。月球之外，火星和太阳系的其他行星仍是太空中巨大的未解之谜。我们的太阳只是银河系中几十亿颗恒星之一，而宇宙里至少有 1,000 亿个星系。宇宙的大小几乎无法想象。天际广袤，很可能有其他类似于地球的行星和其他形式的生命存在。

科学家们希望凌日系外行星勘测卫星能够找到一个“适居带行星”：不太热也不太冷，与恒星的距离刚好能够支撑生命，就像地球这样。

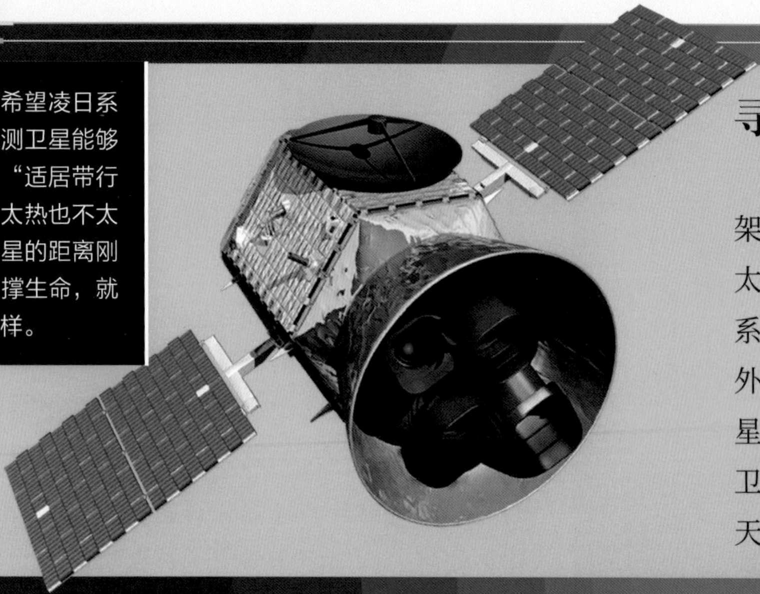

寻找“地球”

凌日系外行星勘测卫星（TESS）是一架用来寻找太阳系外能够支撑生命的行星的太空望远镜。在发射入地球轨道后，凌日系外行星勘测卫星将找到超过 20,000 颗系外行星——绕着太阳之外某颗恒星公转的行星。为了实现这个目标，凌日系外行星勘测卫星将会探测整个太空，并将其分为 26 个天区，然后对每个天区进行更详细的探索。

寻找外星人

宇宙中有外星人吗？许多天文学家认为很可能有，但是没人知道外星生命会是何种形式。外星智能探索（SETI）中心关注寻找外星生命，它的部分工作包括利用高能无线电望远镜扫描来自智慧生命的无线电信号。希望外星人和人类一样，也在搜寻其他世界的生命。

中国的 500 米口径球面射电望远镜（FAST）是世界上最大的射电望远镜之一，它有 5 个美国国家橄榄球联盟球场那么大。这个望远镜有 4,450 个面板，正在寻找来自外星的通讯信号。

发送信息

2017年，一个名为“向外星智慧生命发信”（METI）的组织向两个绕着鲁坦星（GJ273）公转的行星发送了一则无线电信息，其中包含了关于人类生命的内容。鲁坦星在地球12光年之外，因此，任何外星生物的回应要在25年之后才能到达地球。向外星智慧生命发信组织不是第一次向可能存在的外星人发送信息。1974年，阿雷西博射电望远镜将一个无线电信号发向M13星团，这个星团在距离地球21,000光年之外，回应需要在50,000年之后才会到达地球。

著名宇宙学家斯蒂芬·霍金曾警告道，接触高级外星文明可能很危险，因为外星人可能会占领地球并消灭人类。

探索宇宙的边界

深空探测器飞出了我们的太阳系，并飞向其他恒星，它是可能与外星生命建立联系的方式之一。最出名的深空探测器是旅行者1号，由美国国家航空航天局于1977年发射，用来探索太阳系的带外行星。然而，在那之后，它继续前行，现在它去到了比任何飞船都远的地方，目前距离地球210亿千米。考虑到旅行者1号可能遇到外星人，它上面装载了一个记录地球生命相关信息的金色唱片，这个唱片里有自然界的声音以及55种问候语言。想象一下，谁会在某天发现它？

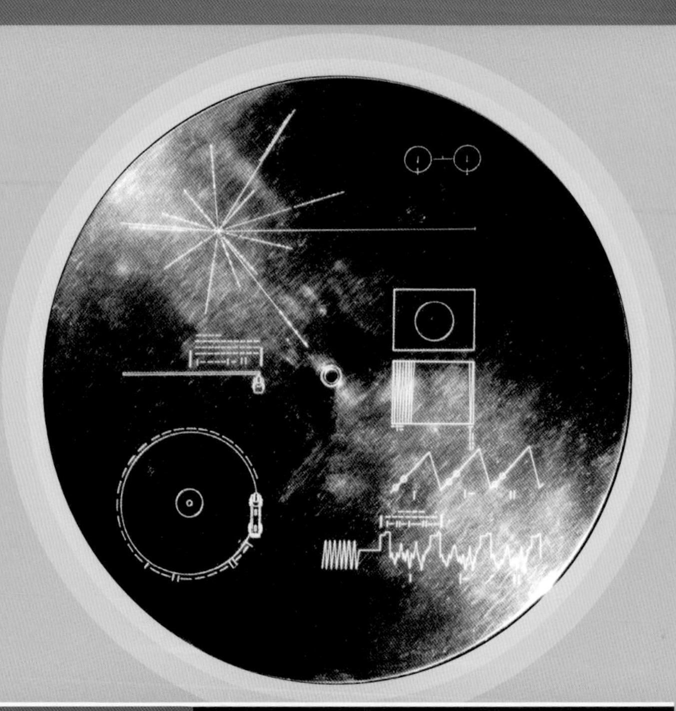

旅行者1号的金色唱片内还有展示地球生活的图片，包括地球和人类的示意图，还有关于如何使用唱片的指示。

图书在版编目（CIP）数据

去太空！给孩子的太空探索史 /（英）本 · 哈伯德著；沉着译 . -- 北京：海豚出版社，2021.2
ISBN 978-7-5110-5142-4

Ⅰ . ①去… Ⅱ . ①本… ②沉… Ⅲ . ①空间探索—少儿读物 Ⅳ . ① V11-49

中国版本图书馆 CIP 数据核字 (2020) 第 262152 号

著作权合同登记号：图字 01-2020-4975

Original title: Space Race
Writer: Ben hubbard

去太空！给孩子的太空探索史

〔英〕本 · 哈伯德　著　沉着　译

出 版 人：王　磊
责任编辑：张　镛　易　明
责任印制：于浩杰　蔡　丽
法律顾问：中咨律师事务所　殷斌律师
出　　版：海豚出版社
地　　址：北京市西城区百万庄大街 24 号　　邮　　编：100037
电　　话：010-68325006（销售）　010-68996147（总编室）
印　　刷：雅迪云印（天津）科技有限公司
经　　销：新华书店及网络书店
开　　本：889mm × 1194mm　1/16
印　　张：6.25
字　　数：108 千
版　　次：2021 年 2 月第 1 版　2021 年 2 月第 1 次印刷
标准书号：ISBN 978-7-5110-5142-4
定　　价：78.00 元